ポケット図鑑
身近な草花
300 街中

亀田龍吉

文一総合出版

目次

街中の草花の楽しみ方 … 3
本書の使い方 …………… 4
花色検索 ………………… 6
特徴のある果実 ………… 21
草花の冬の装いロゼット … 26

用語紹介 …………………305
さくいん …………………309

図鑑ページ

白色の花 ………………… 30
黄色の花 ………………… 95
橙〜赤色の花 ……………144
ピンク〜紅紫色の花 ……150
青紫〜青色の花 …………200
黄緑〜緑色の花 …………228
褐色の花 …………………287

街中の草花の楽しみかた

　人工物に囲まれ、定期的に草取りが行われる街中の環境は、草花にとって過酷な場所のように見えます。しかし、通勤・通学や散歩で歩く道端、庭や公園、ベランダのプランターの中にいたるまで、それぞれの環境に適応した草花たちがたくましく育つ様子が見られます。街中では人間とともに生きる草花の生態に注目してみるのも面白いでしょう。その中には、園芸種や海外に起源がある帰化植物も多く、人間社会のみならず植物の世界でもグローバル化が進んでいることが実感できます。

　また、造成地や空き地など、人の手によって攪乱された土地も観察には好都合な場所です。このような土地にはパイオニア植物と呼ばれる先駆的な種や、ロゼット状で冬を越す多くの種類が見られるので、季節を問わず草花の観察には適しているといえます。

　まずは足元の草たちに目を向けることからはじめてみてください。きっと新しい発見があるはずです。

亀田 龍吉

本書の使い方

掲載種
この図鑑では、人間に近い環境の街中で生育する野草から300種類を選んで紹介しています。道端をはじめ、草地や土手、溝やフェンスなど、身近な場所で見られる種類ですが、郊外でも見られるものもあります。姉妹版の「郊外」編とセットで利用してください。

学名
学名とは属名＋主形容語をラテン語で表記する世界共通名のことです。本書は「米倉浩司・梶田忠 (2003-)「BG Plants 和名－学名インデックス」(YList)、http://ylist.info」を参考。

メモ
その植物の大きさや花、葉、茎、根などの特徴などを表記しメイン写真を補足。

固 日本固有種
日本固有種の植物には上記のマークを掲載。
※加藤雅啓・海老原淳著『日本の固有植物（国立科学博物館叢書11）』(東海大学出版会、2011年) に準拠。

植物名
国内で標準的に使われている名称と漢字名のほか、おもな別名も表記。

観察ポイント
その植物を見分けるポイントや、近縁種との異なる点など、フィールドワークに役立つ情報を紹介。

小写真
その植物が生育する様子を紹介。

基本データ
花期（平均的な盛りの時期）、生活型、国内分布（帰化植物は原産地）、生育環境を表記。

丸写真
花、葉、茎、果実などをクローズアップし特徴を紹介。

花色インデックス
花色を白色、黄色、橙〜赤色、ピンク〜紅紫色、青紫〜青色、黄緑〜緑色、褐色系の7つに分け、この順に掲載。その中で同じ科（分類上近縁な仲間）ごとに並んでいます。ただし一部、花色が異なる近縁種を同じページで紹介してあります。また、花色が複数あるもの、紫系の花色は色合いが変異する場合もあるので花色検索（P.6〜20）も参考にしてください。

メイン写真
その植物が目立つ花や果実の時期のものを厳選。その植物のつくりや全体像などが明確にわかるよう、背景のない切り抜き写真（一部除く）で紹介しています。

カラスノエンドウ【烏野豌豆】

マメ科

別名 ヤハズエンドウ
学名 *Vicia sativa* subsp. *nigra*

花期 3〜6月　**分布** 日本全土
生活 越年草　**生育** 土手、草地、道端

つる性

花は葉腋につき長さ約1.5cmの蝶形花

🔍 **観察ポイント**
小葉の先端が凹み矢筈の形に似たところからヤハズエンドウの別名がある。豆果は熟すとねじれながら裂開し、種子を散らす。

果実は熟すと黒くなる

葉は3〜7対の小葉からなる羽状複葉

仲間！ カスマグサ
カラスノエンドウとスズメノエンドウの仲間の大きさなので「カス間草」という、嘘のような名前の草。

秋に種子が発芽したあと小苗で越冬し、暖かくなると真っ先につるを伸ばして花をつける越年草。エンドウを小さくした草姿で、豆果が熟すと黒くなるのをカラスにたとえたのが名の由来。

仲間マーク
その植物とよく似た近縁種を紹介。近縁種が複数ある場合は「○○の仲間」の見出しで、ページをまたがって紹介しています。

解説文
その植物の基本的な特徴のほか、名前の由来や別名、用途などの雑学的な情報を紹介。

花色検索

本書に掲載している300種の花を色別に並べてあります。

| オッタチカタバミ P.103 | オオキバナカタバミ P.104 | アメリカセンダングサ P.105 | コセンダングサ P.106 |

| オオキンケイギク P.107 | ハルシャギク P.108 | キバナコスモス P.109 | キクイモ P.110 |

| キクイモモドキ P.111 | ブタナ P.112 | アキノノゲシ P.113 | トゲチシャ P.114 |

| コウゾリナ P.115 | ハハコグサ P.116 | オオハンゴンソウ P.117 | アラゲハンゴンソウ P.118 |

| オオミツバハンゴンソウ P.119 | ノボロギク P.120 | セイタカアワダチソウ P.121 | オニノゲシ P.122 |

アキノエノコログサ P.252	キンエノコロ P.253	エノコログサ P.254	カラムシ P.255
チドメグサ P.256	ノチドメ P.257	オオチドメ P.257	ヒメチドメ P.257
ウマノスズクサ P.258	オオバウマノスズクサ P.258	ヒメクグ P.259	ブタクサ P.260
トキンソウ P.261	マメカミツレ P.262	オオオナモミ P.263	イガオナモミ P.263
クワクサ P.264	ハイミチヤナギ P.265	ミチヤナギ P.266	ギシギシ P.267

特徴のある果実

花が終わると、子孫を残すための果実ができます。美しい色をしたもの、おもしろい形のもの、食べられるものなど、さまざまな果実があります。

P.65 ツルドクダミ

P.36 マメグンバイナズナ

P.38 グンバイナズナ

P.40 カラスウリ

P.42 シロノセンダングサ

P.44 アレチノギク

P.53 ジャノヒゲ

P.55 センニンソウ

P.62 ノラニンジン

P.71 ケチョウセンアサガオ

21

セイヨウアブラナ P.96

ホソバウンラン P.101

ハルシャギク P.108

アキノノゲシ P.113

トゲチシャ P.114

コナスビ P.130

スベリヒユ P.132

アオツヅラフジ P.133

ヘビイチゴ P.135

ウマゴヤシ／コウマゴヤシ／コメツブウマゴヤシ P.140/141

クスダマツメクサ P.142

22

 P.143
コメツブツメクサ

 P.144
キクノハアオイ

 P.147
ナガミヒナゲシ

 P.153
アカバナユウゲショウ

 P.156
ニワゼキショウ

 P.160
オシロイバナ

 P.166
アメリカオニアザミ

 P.169
ガガイモ

 P.170
ムラサキケマン

 P.179
ミチバタナデシコ

 P.180
ムシトリナデシコ

 P.182
ハゼラン

マルバアサガオ P.187

アメリカフウロ P.189

ヌスビトハギ P.191

クズ P.193

カラスノエンドウ P.195

スズメノエンドウ P.196

キキョウソウ P.205

ヒナキキョウソウ P.206

ヤブラン P.210

バラモンジン／セイヨウタンポポ P.209/124

オオオナモミ／イガオナモミ P.263

24

P.217
スミレ

P.262
マメカミツレ
P.267
ギシギシ

P.270
エゾノギシギシ

P.272
イノコヅチ

P.272
ヒナタイノコヅチ

P.280
ノブドウ

P.282
エビヅル

P.283
コミカンソウ

P.285
ヒメコミカンソウ

P.290
チガヤ

P.294
ガマ

25

草花の冬の装い
ロゼット

越年草や多年草の草花の多くは、寒さや乾燥などが厳しい冬を越すために、茎は立ち上げず、地表近くに葉だけを放射状に広げます。その形がバラの花に似るため「ロゼット」と呼ばれます。

P.34
ナズナ

P.35
ミチタネツケバナ

P.43
ヒメジョオン

P.45
オオアレチノギク

P.46
ヒメムカシヨモギ

ハルジオン　P.48

ツメクサ　P.79

コハコベ　P.83

シロツメクサ　P.90

ブタナ　P.112

アキノノゲシ　P.113

オニノゲシ　P.122

ノゲシ　P.123

セイヨウタンポポ　P.124

ナガミヒナゲシ　P.147

オオバコ　P.159

アメリカフウロ　P.189

P.194
アカツメクサ

P.214
キランソウ

P.226
キュウリグサ

P.296
ツボミオオバコ

P.300
ヨモギ

P.303
ウラジロチチコグサ

29

アオイ科

フユアオイ【冬葵】

学名 *Malva verticillata*

- 花期 5〜10月
- 生活 一年草または二年草
- 分布 ヨーロッパ原産
- 生育 畑周辺、人家付近の空き地

冬でも葉が青々としているのが名の由来

花は白〜淡紅色で直径1cmくらい

果実。中の種子は冬葵子と呼ばれる生薬

高さ80〜150cm

葉は丸くて掌状に浅く切れ込む

古くに中国から渡来し、オカノリの名で葉は食用とされた。現在はあまり食べられないが、畑周辺や海岸等で野生化したものを見かける。種子は冬葵子と呼ばれ薬用。

ヘクソカズラ【屁糞葛】

- 別名 ヤイトバナ
- 学名 *Paederia foetida*
- 花期 6〜9月
- 分布 北海道〜沖縄
- 生活 多年草
- 生育 林縁、道端

アカネ科

林縁や市街地のフェンスに絡む、つる性の植物。全草揉むと臭いのでこの名があるが、花をお灸あとに見立てヤイトバナの別名もある。秋になると葉は黄色に色づく。

つる性

花は白くて中央部が紅紫色

葉は先の尖った長いハート形

枝やフェンスに巻き付いて伸びる

31

アカバナ科

ハクチョウソウ【白蝶草】

- 別名 ヤマモモソウ
- 学名 *Gaura lindheimeri*
- 花期 5〜10月
- 生活 多年草
- 分布 北アメリカ原産
- 生育 道端、草地、土手

北アメリカ原産で、ガウラやヤマモモソウの名前でも呼ばれる。観賞用などに植えられたものが、道端や空き地に逸出帰化している。白色が基本だが、赤色系の園芸品種も多くある。

花は白〜淡紅色で径2〜3cm

高さ60〜120cm

茎は細く長くしなやか

葉は互生する

法面緑化にも使われたようで、道路脇に多い

シロイヌナズナ【白犬薺】

アブラナ科

学名 *Arabidopsis thaliana*
花期 4～6月
生活 一年草または越年草
分布 ユーラシア大陸原産
生育 道端、荒れ地

4弁の花は直径約2mm

高さ10～30cm

📷 観察ポイント

ナズナに似るが、果実が細長いこと、葉に切れ込みがないことなどで区別できる。

都会の道端でもふつうに見られる

各葉腋から分枝し花をつける

各地の道端や荒れ地に生える帰化植物で、都心にも多い。遺伝子研究に都合の良い条件を多くもつため、実験植物として重宝されている。

アブラナ科

ナズナ【薺】
別名 ペンペングサ
学名 *Capsella bursa-pastoris*

果実はハート形に近い三角形をしている

白い花は径3mmで花弁は4枚

高さ10〜50cm

葉の形状は変化に富む

花期 2〜6月
生活 越年草
分布 北海道〜沖縄
生育 道端、畑地

春の七草のひとつ。春真っ先にロゼット状の株の中心に蕾をつける。三味線のバチのような形をした果実の柄を、少し引きはがして振ったときの音からペンペングサと呼ばれる。

花を咲かせながら分枝して大きな株になる

ミチタネツケバナ【道種漬花】

学名 *Cardamine hirsuta*

アブラナ科

植え込みの下や庭先などでふつうに見られる

花は白色で径2〜3mmの4弁

根生葉は花期も残ることが多い

高さ5〜20cm

- 花期 2〜5月
- 生活 越年草
- 分布 ヨーロッパ原産
- 生育 道端、庭先

比較的新しい帰化植物だが、今では各地の道端でふつうに見られる。タネツケバナより乾燥に強いため街中に多い。クレソンのような風味と辛みがあって食べられる。

アブラナ科

マメグンバイナズナ【豆軍配薺】

別名 セイヨウグンバイナズナ、コウベナズナ
学名 *Lepidium virginicum*
花期 5〜7月
生活 一年草または越年草
分布 北アメリカ原産
生育 道端、荒れ地

高さ20〜60㎝

花は白色、径2〜3㎜で4弁

果実は緑色から紫褐色に熟し枯れて淡褐色になる

繊細で明るい色の果実はとても可愛らしい

ナズナ（P.34）などより茎の上部でよく枝分かれし、小さいながらこんもりした株に育つ。穂状にたくさんつく果実は径約3㎜の平たい円形で、その様子は花よりも目立つ。

オランダガラシ【和蘭芥子】

- 別名 クレソン
- 学名 *Nasturtium officinale*
- 花期 4〜6月
- 生活 多年草
- 分布 ユーラシア原産
- 生育 小川、水路、水辺

アブラナ科

花は白色、径3〜4mmで4弁

高さ20〜50cm

葉は羽状複葉で互生する

外来種だが純白の花は初夏の水辺によく似合う

クレソンまたはウォータークレスの名で食用に栽培されたものが逸出帰化した。きれいな水辺に多く、節から根を出すため、茎がちぎれただけでも増える。

アブラナ科

グンバイナズナ【軍配薺】

学名 *Thlaspi arvense*
花期 4〜6月
生活 越年草
分布 ヨーロッパ原産
生育 田畑周辺、草地

花は白色で径約4mmの4弁花

果実は薄くて丸く、真ん中に切れ込みがある

葉の基部は両脇に張り出し茎を抱く

この後枯れてもドライフラワー状で美しい

高さ30〜60cm

マメグンバイナズナ（P.36）ほど多くないが、各地に帰化している。大きめのナズナ（P.34）に見えるが、軍配形の果実で区別がつく。条件が合うと秋にも開花することがある。

シャガ【射干】

学名 *Iris japonica*

花期 4〜6月
生活 多年草
分布 中国原産
生育 寺社境内、林内、道端

アヤメ科

花は白地に橙色や紫色の斑紋

剣形の葉は裏面のみの単面葉

野生化しているものの人里付近に限られる

高さ40〜80㎝

古く中国から入ったとされ、寺社や人家付近に野生化している。葉は広めの剣形。左右からふたつ折れで茎を抱いたような単面葉で、葉の大部分は裏面しか存在しない。

39

ウリ科

カラスウリ【烏瓜】

別名 タマズサ
学名 *Trichosanthes cucumeroides*

- **花期** 8～9月
- **生活** 多年草
- **分布** 本州～九州
- **生育** 林縁、垣根、フェンス

つる性

レースのような白い花は夜行性で朝には萎む

若い果実は緑色で白い縦縞模様がある

果実は長さ7～9cm。熟すにしたがって橙色〜赤色へと変化する。

垣根や他の木に絡みつき、夏の夜にレースのような白い花を咲かせる。夜のうちにスズメガの仲間が集まり、ホバリングしながら長い口吻で吸蜜する姿も見られる。

ヘラオオバコ【箆大葉子】

オオバコ科

学名 *Plantago lanceolata*
花期 5〜8月
生活 多年草
分布 ヨーロッパ原産
生育 道端、空き地、荒れ地

高さ30〜70cm

花は長い花茎の先端につく

花茎のみ立ち上がる

葉は細長いヘラ状

📷 観察ポイント

花は長い雄しべが花穂を囲むようにつく独特の形で、雌花〜雄花の順に下から上に咲いていく。

車道脇のわずかな隙間に育った大株

オオバコ（P.159）よりずっと背の高い帰化植物。道端などに生えるが、踏まれることには強くない。ヨーロッパではプランティンの名でハーブとして親しまれている。

キク科

シロノセンダングサ【白の栴檀草】

別名 コシロノセンダングサ、シロバナセンダングサ

学名 *Bidens pilosa* var. *minor*

花期 9 ～ 11月
生活 一年草
分布 熱帯アメリカ原産
生育 道端、畑地、荒れ地

花は4～7個の
白色の舌状花
がある

果実には2～4本
の刺がある

葉は羽状に裂
け、小葉には
鋸歯がある

高さ50 ～ 150㎝

コセンダングサ（P.106）の変種と
され、花に白い花弁の舌状花が4
～7個ほど混ざる以外は区別がつ
かない。舌状花の雄しべと雌しべ
は退化しているので結実しない。

道端に群生しているのを
よく見かける

42

ヒメジョオン【姫女苑】

キク科

- **学名** *Erigeron annuus*
- **花期** 3～4月、8～9月
- **生活** 一年草または越年草
- **分布** 北アメリカ原産
- **生育** 道端、荒れ地、草地

高さ30～130cm

舌状花は白色

上部の葉ほど細い

茎は中空ではなく白いスポンジ状

ハルジオンより背が高く、秋まで咲いている

📷 観察ポイント

よく似たハルジオンよりひと月位遅れて咲き始め、秋にも花をつけていることも多い。茎は中空ではなく白いスポンジ状であることも特徴のひとつ。

江戸時代から明治時代初期にかけて観賞用として渡来し、今では日本全土に帰化している。渡来当初は、ヤナギバヒメギク（柳葉姫菊）などの名で呼ばれたという。

43

キク科

アレチノギク【荒地野菊】

別名 ノジオウギク
学名 *Erigeron bonariensis*

花期 8～10月
生活 一年草または越年草
分布 南アメリカ原産
生育 道端、荒れ地、草地

高さ30～60cm

舌状花は小さくて目立たない

果実

主茎より横枝が高く伸びる

上部の葉は線形で縁に毛がある。地際の葉のみ切れ込む傾向がある

📷 観察ポイント

1mに満たない草丈で、真ん中の主茎よりその外側に伸びる横枝の方が高くなる幅広の草姿が特徴的。早春に咲く越年草タイプと晩夏に咲く一年草タイプがある。

明治時代に渡来した帰化植物だが、最近はオオアレチノギク（P.45）やヒメムカシヨモギ（P.46）の方が優勢のようだ。この3種の中で草丈はもっとも小さいが、花は最大。

オオアレチノギク【大荒地野菊】

学名 *Erigeron sumatrensis*

生活 二年草
分布 南アメリカ原産
生育 道端、荒れ地、野原

キク科

その名のとおり荒れ地には必ずといってよいほど生えてくる草で、人の背丈を越えるくらいまでになる。全体に毛が多いこともあり、葉や茎は灰緑色がかる。

舌状花は小さくて見えない

高さ1〜2m

果実

📷 観察ポイント

ヒメムカシヨモギ（P.46）とよく似ていて混生もするが、花序が横に広がらず、花は大きめなのに白い舌状花は見えない点で区別できる。

茎にも毛が多い

毛が多く、灰緑色に見える

アスファルトのすきまなどでも盛んに生育する

45

キク科

ヒメムカシヨモギ【姫昔蓬】

学名 *Erigeron canadensis*

高さ1〜2m

- **花期**
- **生活** 越年草
- **分布** 北アメリカ原産
- **生育** 空き地、荒れ地、道端

花は小さいが舌状花の白が目立つ

果実には冠毛があり小さな綿毛状に開く

明治初期に渡来し、日本全土に広がった。幼苗はロゼット状で越冬し、2m近くまで育つ。夏から秋にかけて小さな花を円錐状に多数つける。

📷 観察ポイント

同じような環境に生え、よく似るオオアレチノギク(P.45)は、舌状花(花弁)が小さくて肉眼では見えないため、区別がつく。

葉は地際ほど幅広で、上部はほとんど線形

茎は毛が多い

オオアレチノギクなどとともに群生する

ペラペラヨメナ【ぺらぺら嫁菜】

キク科

別名 ペラペラヒメジョオン、メキシコヒナギク
学名 *Erigeron karvinskianus*
花期 4～11月
生活 多年草
分布 中央アメリカ原産
生育 道端、石垣

高さ20～50cm

花は白色から淡紅色に変化する

上部の葉は全縁で無柄

📷 **観察ポイント**

花の直径は約2cm、筒状花は黄色、周囲の舌状花は白色だが時間が経つと淡紅色になる。

茎は基部で分枝し斜上または匍匐する

石垣や川の護岸などに群生する

1949年に京都で野生化が確認され、現在は関東地方以西でふつうに見られる。葉や花が薄っぺらいのが名の由来。このほか、白と赤の花色からゲンペイコギク（源平小菊）、中米原産なのでメキシコヒナギク、属名のエリゲロンなど、呼び名が多い。

47

キク科

ハルジオン【春紫苑】

別名 ハルジョオン

学名 *Erigeron philadelphicus*

花期 4〜6月

生活 多年草

分布 北アメリカ原産

生育 道端、空き地、野原、土手

観賞用に導入されたものが1920年頃に逸出帰化し、現在は全国的に分布を広げる。舌状花は糸のように細く、白色〜淡紅色まで変化が多い。咲く直前まで蕾が下を向いているのが特徴。

高さ30〜50cm

花は白色〜淡紅色

蕾は下を向く

葉は茎を抱く

茎の断面は中空

ヒメジョオンに似るがほぼ春しか咲かない

ハキダメギク【掃溜菊】

学名 *Galinsoga quadriradiata*

花期 5〜12月　**生育** 道端、畑、荒れ地
生活 一年草
分布 熱帯アメリカ原産

キク科

熱帯アメリカ原産の帰化植物で、大正時代に東京のゴミ捨て場で見つかったのが名の由来。先端に花をつけては、その下の葉のつけ根から枝を二又状に伸ばして成長する。

花の径は約5mm、舌状花は5個

📷 観察ポイント

花は小さいものの黄色い筒状花の周囲に先が3裂した白い舌状花が5個並び、なかなか洒落たデザインだ。

高さ20〜50cm

茎は毛が多い

葉は先の尖った卵形で対生する

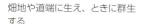

畑地や道端に生え、ときに群生する

キク科

フランスギク【仏蘭西菊】

学名 *Leucanthemum vulgare*

花期 4〜6月
生活 多年草
分布 ヨーロッパ原産
生育 人家付近、道端、空き地、土手

花の直径は5〜6cm

地下茎や種子で増え、群生することが多い

葉は互生する

茎は下部で分枝し直立する

高さ40〜80cm

江戸時代に渡来して観賞用に広まったが、逸出して現在は道端や草地に野生化している。園芸種のシャスターデージーはフランスギクと日本の在来種ハマギクとの交配種。

フキ【蕗】

学名 *Petasites japonicus* subsp. *japonicus*
花期 3〜5月　生育 土手、田畑の周辺、道端
生活 多年草
分布 本州〜沖縄

雌雄異株で、上は雌株

高さ20〜50cm

葉は腎円形

雌花はやや小さめで白く見える

雄花はやや大きめで黄色味が強い

食べるならこれくらいの大きさまでが美味

📷 観察ポイント

地下茎を横に伸ばして増え、地上に花や葉を出す。雌雄異株で、フキノトウにも雌花と雄花があるのは意外と知られていない。

早春に葉より先に花をつけるが、これがフキノトウ。丸い葉はふつう高さ20〜40cm、直径30cmくらいだが、秋田ブキは高さ2m、葉の直径は1mにもなる。

キク科

キク科

シロバナタンポポ【白花蒲公英】固

- 別名 シロタンポポ
- 学名 *Taraxacum albidum*
- 花期 3～5月
- 生活 多年草
- 分布 本州（関東地方以西）、四国、九州
- 生育 道端、草地、空き地

高さ15～40cm

花は白いが雄しべは黄色い

在来種では珍しく総苞片がわずかに外側へ反る

環境にもよるが全体にゆったりとした印象

在来種で関東以西に分布し、南へ行くほど多い傾向がある。舌状花の数はセイヨウタンポポ（P.124）に比べると少なめだが、草丈では負けておらず、草原でも生きられる大型のタンポポ。

ジャノヒゲ【蛇の髭】

別名 リュウノヒゲ
学名 *Ophiopogon japonicus*

花期 7〜8月　分布 日本全土
生活 多年草　生育 林床、林縁

キジカクシ科

地下茎で増え、群生することが多いため、畑の土の流失を防いだり、境界用に植えることもある。花は下向きに咲き、果実のように見える種子はコバルトブルーで美しい。

高さ10〜20cm

葉は長さ10〜30cm、幅2〜3mm

花は白〜淡紫色

花茎は8〜10cm、途中で曲がる

コバルトブルーの種子はよく弾むので「はずみ玉」と呼ばれる

📷 **観察ポイント**

根は所々が紡錘形に膨らむ。昔からバクモンドウ（麦門冬）と呼び、生薬として利用されている。

キジカクシ科

オオアマナ【大甘菜】

学名 *Ornithogalum umbellatum*

花期 4〜5月
生活 多年草
分布 ヨーロッパ原産
生育 草地、空き地

オーニソガラムの属名で観賞用に栽培されるが、逸出して各地で帰化。分球して増え、群生することが多い。英名はStar of Bethlehem（ベツレヘムの星）。

📷 観察ポイント

花は上から見ると白一色だが、裏側は花弁のふちだけ白く、あとは緑色をしている。これは蕾を見れば一目瞭然だ。

花は白色で径約3㎝、裏は緑色

高さ15〜25㎝

葉は線形で長さ20〜35㎝

草地や空き地、明るい林床にも生える

センニンソウ【仙人草】

学名 *Clematis terniflora* var. *terniflora*

キンポウゲ科

花後、花柱が羽のように伸びる

つる性

花の直径は2〜3cm

小葉に鋸歯はない

- **花期** 7〜10月
- **生活** つる性半低木
- **分布** 本州〜九州
- **生育** 林縁、フェンス、垣根

垣根やフェンスに絡まって十字型の白い花をたくさんつける。ボタンヅル（郊外編P.54）とよく似るが、小葉にやや光沢があり、丸みを帯びて鋸歯がないことで見分けられる。

センニンソウもボタンヅルも日本産の野生クレマチスだ

55

キンポウゲ科

ヒメウズ【姫烏頭】

学名 *Semiaquilegia adoxoides*

花期 3〜5月

生活 多年草

分布 本州（関東地方以西）〜九州

生育 土手、畦、林縁、道端

花の直径は
4〜5mm

高さ10〜30cm

葉は3小葉
からなる

小さいが茎も葉も花もと
ても繊細で美しい

📷 **観察ポイント**

草姿はオダマキを小さくし
た感じで、花の基部には
小さな距が突き出ている。

畦や道端など身近な足元にあ
るが、小さく細いので目につき
にくい。名前のウズ（烏頭）
はトリカブトのことで、果実が
似ていることからだが、全体
はオダマキに近い。

56

ザクロソウ【柘榴草】

- 学名 *Mollugo stricta*
- 花期 7〜10月
- 生活 一年草
- 分布 本州〜九州
- 生育 畑地、道端

ザクロソウ科

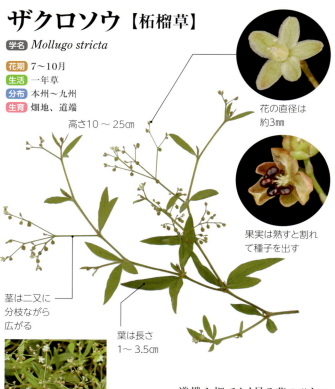

花の直径は約3mm

果実は熟すと割れて種子を出す

高さ10〜25cm

茎は二又に分枝ながら広がる

葉は長さ1〜3.5cm

よく分枝し、その先に小さな花を疎らにつける

道端や畑でよく見る草のひとつだが、地味で目立たない。茎を這わせながら二又状に分枝して広がり、先端はやや斜上して小さな花をまばらにつける。名の由来は葉の形または、果実がザクロに似るからなど諸説ある。

シソ科

クルマバザクロソウ【車葉石榴草】

学名 *Mullugo verticillata*

花期 7〜10月　**分布** 南アメリカ原産
生活 一年草　**生育** 道端、空き地、畑地

花弁に見えるのは
花被片（萼片）

長さ8〜25cm

葉は4〜7枚が
輪生

果実はザクロソウ
より細長い楕円形

茎も葉も地に伏している
ので踏まれ強い

ザクロソウの仲間の帰化植物。ほふく性で葉は4〜7枚が輪生し、茎とともに地面に低く広がる。長い花序は出さず花は葉腋に束生し、数mmの花柄の先に咲く。

58

オランダハッカ【和蘭薄荷】

シソ科

学名 *Mentha spicata* 'Crispa'
花期 6〜8月
生活 多年草
分布 ヨーロッパ原産
生育 道端、溝、空き地

スペアミントの名で知られるハーブで、栽培されていたものが逸出帰化しているが、マルバハッカほどは多くない。花色は白色〜淡紅色だがほとんど白色に近いものが多い。香りはペパーミントより切れのよい感じ。

高さ40〜80㎝

花色はペパーミントより淡い

茎の断面は四角形

葉は表裏ともほぼ無毛で強いハッカ臭がある

地下茎で増え、道端などに群生する

シソ科

マルバハッカ【丸葉薄荷】

- **別名** アップルミント
- **学名** *Mentha suaveolens*
- **花期** 7～9月
- **生活** 多年草
- **分布** ヨーロッパ原産
- **生育** 道端、空き地、草原

高さ40～80cm

花は白色～淡紅色

道端や空き地などで地下茎をのばして群生する

📷 観察ポイント

全体に毛が多く、明るい緑色の葉で柔らかな感触。摘んだ葉に熱湯を注ぐだけで爽やかに香るハーブティーに。

アップルミントの名で知られるハーブで、栽培されていたものが逸出し、各地で野生化。リンゴに似た香りが特徴で、今ではニホンハッカ（郊外編P.193）よりもふつうに見られる。

茎の断面は四角い

葉は広楕円形で毛が多く、対生する

60

ミツバ【三葉】

別名 ミツバゼリ
学名 *Cryptotaenia canadensis* subsp. *japonica*

- 花期 6〜7月
- 生活 多年草
- 分布 北海道〜沖縄
- 生育 林床、林縁

シソ科

昔から和食には欠かせない日本古来の野菜であり、ハーブでもある。やや湿った半日陰を好み、林床や林縁に生える。夏には、茎の先に直径約3mmの白い花をまばらにつける。

花は5弁で白色

高さ30〜70cm

葉は3小葉からなる複葉

📷 観察ポイント

とう立ちすると茎葉は硬くなり、香りも落ちるため、山菜に利用するなら春先の柔らかな新葉がよい。

林床や林縁の半日陰の環境に多い

セリ科

ノラニンジン【野良人参】

- 別名 ノニンジン
- 学名 *Daucus carota* subsp. *carota*
- 花期 6～9月　生活 越年草
- 分布 西アジア～ヨーロッパ原産
- 生育 道端、荒れ地、空き地

小さな白い花が
レース状に咲く

高さ30～100cm

花後に花序は果実を
守るように巻き込む

📷 観察ポイント

レース状の花序の中心に暗紫色の花が1～10個つくことが多い。虫に似せてほかの虫を誘うためともいわれる。

歩道脇に生えているのを
見かける。性質は強健

ニンジンの原種のひとつで、根が赤くならない以外はニンジンとほとんど変わらない野生種。昭和初期に確認されて以来、現在は各地でふつうに見られる。

オヤブジラミ【雄藪虱】

学名 *Torilis scabra*

花は白いが赤みを帯びる傾向がある

葉は細かく切れ込む

高さ30～80cm

果実にはかぎ状の毛が密生し、獣や衣服につく

花期 4～5月
生活 越年草
分布 本州～沖縄
生育 道端、草地、林縁

セリ科

林縁や道端などでふつうに見られる。細かく切れ込んだ羽状の葉は、ニンジンの葉の先を尖らせた感じ。花や果実は、ふちや片側に赤みを帯びることが多い。

仲間!
ヤブジラミ
花期が5～7月で、花や果実は赤みを帯びることはない。小花柄の長さが果実の長さより短かいのも特徴。

63

タデ科

イタドリ【虎杖】

学名 *Fallopia japonica* var. *japonica*

花期 7〜10月　分布 北海道〜九州
生活 多年草　生育 林縁、道端、草原

ときには舗装路のアスファルトを突き破って生えてくる丈夫な草。長い茎は弧を描くように伸び、夏から秋にかけて細かい花をたくさん咲かせるが、雌雄異株。

雌花は雌しべの基部に3稜の子房がある

📷 観察ポイント

雄花は遠目では白っぽく見え、近づくと雄しべが目立つ。雌花は赤みを帯びることが多く花柱には稜がある。結実するとこれが広がり翼のある果実になる。

雄花は長く突き出た雄しべが目立つ

葉は互生する

若い茎には紅紫色の斑がある

高さ50〜150cm

雌株に咲く雌花。雌花は赤みを帯びる

64

ツルドクダミ【蔓荼草】

学名 *Fallopia multiflora*

- **花期** 8〜10月
- **生活** 多年草
- **分布** 中国原産
- **生育** 道端、フェンス、垣根

タデ科

江戸時代に薬草として長崎に入り、帰化したとされる。地下にある球状の塊茎は生薬に利用され、カシュウ（何首烏）と呼ばれる。この名は中国に伝わる長寿者の名で、塊茎の粉末を服用して長生きしたといわれる。

（写真：山田達朗）

つる性

葉は5〜10cmで互生する

茎は右にも左にも巻く

小さな花びらは萼片からなる

果実には翼があり、熟すと風に飛散する

つる性の茎はものに絡まり2〜3mも伸びる

ツユクサ科

ヤブミョウガ【藪茗荷】

学名 *Pollia japonica*

- **花期** 8〜9月
- **生活** 多年草
- **分布** 本州（関東地方以西）〜沖縄
- **生育** 林内、林縁、藪

花は直径7〜8mm
花弁は3枚

果実は直径約5mmで熟すと濃青紫色になる

📷 観察ポイント

同じ株に両性花と雄花が咲く。両性花は花の中のまるい子房から突き出した1本の花柱が目立ち、雄花は長く突き出した雄しべが目立つ。

高さ50〜90cm

茎は直立する

長い葉が茎の中ほどから上につく

林下や林縁のやや湿った場所を好み群生する

葉や全体の様子がミョウガに似ているのでこの名がついたが、ミョウガの仲間ではない。花は茎の頂部に輪生して段々につき、一日花だが次々に咲く。

ミドリハカタカラクサ【緑博多唐草】

ツユクサ科

学名 *Tradescantia fluminensis*

花期 6〜9月
生活 多年草
分布 南アメリカ原産
生育 道端、溝、林床、林縁

観葉植物シロフハカタカラクサが野生化したもので、本来あった白い斑が消失している。霜の降りない地方なら冬を越せるため、暖かい地方に多い。

📷 観察ポイント

よく似た仲間にノハカタカラクサ（別名トキワツユクサ）があり、これも観葉植物が逸出して斑が消えたもの。本種よりも小型で、茎や花茎が紫褐色を帯びるため区別できる。

木陰や溝の縁など半日陰で湿った場所に多い

花の直径は1〜1.5㎝

葉に柄はなく長さ3〜6㎝

茎も花茎も緑色

高さ20〜40㎝

トウダイグサ科

ニシキソウ【錦草】

学名 *Chamaesyce humifusa*

花期 7〜11月
生活 一年草
分布 本州〜九州
生育 道端、空き地、畑地

花は小さい。その下は腺体の付属体

葉に模様はない

長さ5〜30cm

📷 観察ポイント

茎は赤くほとんど毛がないのでツルツルしている。葉に斑紋がないのも特徴。

茎は切ると白い乳液が出る

ニシキソウは在来種だが、最近は帰化植物のコニシキソウ（P.69）に押され、だいぶ少なくなったように感じる。茎は分枝しながら地を這って広がるが、茎の途中から根を出すことはほとんどない。

コニシキソウより茎が赤く葉に斑はない

68

ニシキソウの仲間

葉にはふつう紫褐色の斑がある

コニシキソウ
【小錦草】

学名 *Chamaesyce maculata*

花期 6〜9月　**生活** 一年草
分布 北アメリカ原産
生育 道端、空き地、畑

道端から庭先までどこにでも生えてくる丈夫な草で低く地を這うので、踏まれることにも強い。

花は小さな杯状花序で果実には毛がある

斑が入ることは少ない

白い花弁に見えるのは腺体の付属体

オオニシキソウ
【大錦草】

学名 *Chamaesyce nutans*

花期 6〜10月　**生活** 一年草
分布 北アメリカ原産
生育 草地、道端、土手

茎を直立もしくは斜上させて膝丈くらいに育つ大型種。葉は対生し長さ2〜4cmで裏面は灰緑色をしている。

69

ドクダミ科

ドクダミ【蕺草／十薬】

学名 *Houttuynia cordata*

花期 6〜7月
生育 林縁、木陰、道端
生活 多年草
分布 本州〜沖縄

白い花びらは花弁ではなく総苞片

葉はハート形で互生する

高さ20〜50cm

茎は紫褐色を帯びる

白い地下茎が地中を走り群生する

📷 観察ポイント

花は中心の穂状の部分で、小さな花が集まり形成している。個々の花に花弁はなく、雌しべと雄しべからなる。

やや薄暗い場所を好み、地下に根茎を走らせて群生する。薬草としてさまざまな薬効があるので「十薬」と呼ばれるほか、毒や痛みに効くから「毒痛み」、毒を矯める（抑える）から「毒矯め」が語源だという。

ケチョウセンアサガオ【毛朝鮮朝顔】

ナス科

- 別名 アメリカチョウセンアサガオ
- 学名 *Datura wrightii*
- 花期 6〜9月
- 生活 多年草
- 分布 北アメリカ原産
- 生育 道端、空き地、荒れ地

花の直径は10〜13cm

高さ50〜130cm

果実には刺が密集する

葉にも細毛が密生している

茎にも細毛がある

観賞用などに栽培されていたものが逸出した帰化植物。漏斗形の大きな白い花と、刺のある丸い果実が特徴的で全体に細毛が密生する。薬用植物でもあるが全草有毒でもある。

📷 観察ポイント

チョウセンアサガオの仲間はダチュラの属名でも呼ばれ数種が帰化しているが、その中でもキダチチョウセンアサガオに次いで大きな花をもつ。この仲間はすべて有毒植物。

人の背丈よりは低いが横に広がって大株となる

71

ナス科

ハコベホオズキ【繁縷酸漿】

別名 ハコベバホオズキ
学名 *Salpichroa origanifolia*

花期 5〜10月　**生育** 道端、空き地、荒れ地
生活 多年草
分布 南アメリカ原産

花は釣鐘状で
長さ7〜10mm

明治時代に小石川植物園へ輸入されたものが逸出し、野生化したといわれる。主に関東地方以西の道端や空き地に見られる。茎は半つる性で、やや這いながら数メートルの長さになる。

高さ60〜100cm

茎は半つる性

葉はハコベに似る

ドウダンツツジの花のような釣鐘状の花をつける

📷 観察ポイント

名は葉がハコベの葉に似るところからきているが、全体に上向きに曲がった細かい毛が生えている。

72

ワルナスビ【悪茄子】

別名 オニナスビ、ノハラナスビ
学名 *Solanum carolinense*

- 花期 6～10月
- 生活 多年草
- 分布 北アメリカ産
- 生育 道端、土手、空き地

ナス科

花は白～淡紅紫色

果実は黄色く熟す

葉にも長い刺がある

高さ30～70cm

茎は硬くて長い刺がある

道端や土手などに生え、地下に根茎を伸ばして群生する。花はナスの花を白くした感じだが、紅紫色のものもある。ミニトマトに似た果実は、熟すと黄褐色になる。

📷 観察ポイント

有毒で刺があり、厄介な草なので名前に「悪」をつけられてしまった。茎にも葉にも刺があるため素手では引き抜けないうえ、刈り取っても地下茎から再生する。

ナス科

ヒヨドリジョウゴ【鵯上戸】

別名 ホロシ
学名 *Solanum lyratum* var. *lyratum*

花期 8〜9月
生活 多年草
分布 日本全土
生育 林縁、空き地、フェンス

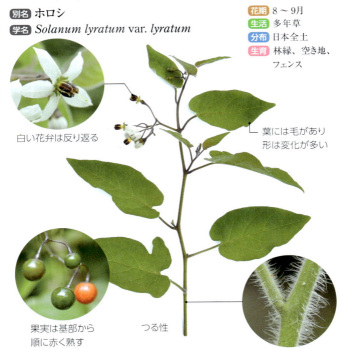

白い花弁は反り返る

葉には毛があり形は変化が多い

果実は基部から順に赤く熟す

つる性

茎にも長い毛が生えている

📷 観察ポイント

果実は熟すとマイクロトマトのように真っ赤になる。ヒヨドリがこの果実を好むことが名の由来だが、人には有毒なので食べてはいけない。

全体に長い毛が生え、葉も茎もふんわりと柔らかい。茎下部の葉は切れ込みが深く動物の顔のような形もあり、上部は切れ込まず長いハートのような形。

イヌホオズキ【犬酸漿】

学名 *Solanum nigrum*

花期 8～11月　**生育** 道端、空き地、畑地
生活 一年草
分布 北海道～沖縄

ナス科

花は白色で裂片は幅広

高さ30～60cm

葉は互生し長さ3～10cm

茎はよく分枝して横に広がる

個体差はあるが果実に光沢はない

📷 観察ポイント

本種に似る仲間との違いは、果実に光沢がない、花（果実）の出る位置が一点からではなく穂状に少しずれているなどがある。

分枝して横に広い株になり、葉のつけ根から花茎を出し、4～10個の花をつける。花は裂片の幅が広めで白く、紫色を帯びることはない。

道端や空き地など身近な環境に生える

ナデシコ科

ノミノツヅリ【蚤の綴り】

学名 *Arenaria serpyllifolia*

花期 3〜6月
生活 一年草または越年草
分布 日本全土
生育 道端、畑地、空き地

道端や空き地など、日当たりがよくてやや乾き気味のところでよく見かける。ツヅリ（綴り）とは短衣のことで、小さな葉を蚤の着物にたとえたのが名前の由来。全体に短毛が生えている。

花の直径は約5mm

葉は長さ3〜7mmで対生する

茎は細いが硬い

高さ5〜25cm

📷 観察ポイント

花も葉も米粒より小さく、カスミソウをミニチュアにしたような雰囲気の草。

舗装路のすき間や塀のふちなど市街地でよく見かける

オランダミミナグサ【和蘭耳菜草】

別名 アオミミナグサ
学名 *Cerastium glomeratum*

花期 4～5月
生活 越年草
分布 ヨーロッパ原産
生育 道端、畑地、空き地、庭

ナデシコ科

道端の植え込みの周辺や電柱の下など身近な場所に多く、全体に毛が多いため灰緑色に見える。春に白い花をまとめてつける。花の周辺には腺毛が多く少しべたつく。

花は5弁で径約6mm

高さ10～30cm

葉は両面とも毛が多い

小苗で越冬し春に成長開花する越年草

茎は毛が多く紫色を帯びる傾向がある

📷 観察ポイント

ミミナグサ（P.78）と似るが、都市部や市街地では本種が圧倒的に多い。花は比較的多数がまとまってつき、花柄が萼片より短いなどの特徴がある。

ナデシコ科

ミミナグサ【耳菜草】

- 学名 *Cerastium fontanum* subsp. *vulgare* var. *vulgare*
- 花期 5〜6月
- 生活 越年草
- 分布 北海道〜九州
- 生育 田畑周辺、草地

道端の草地から田畑まで見られる草だが、最近は外来種のオランダミミナグサに圧倒されやや苦戦しているようだ。ハコベに似た白い花の花弁は長いが切れ込みは浅い。花柄が萼片より長いのが特徴。

花は直径7〜8mm

高さ15〜30cm

📷 観察ポイント

オランダミミナグサににるが、より節間が長くひょろ長い感じで、直立して密に群生することはない。

茎は紫色を帯びる傾向がある

葉は表裏とも毛がある

横に寝るか斜上することが多い

ツメクサ【爪草】

学名 *Sagina japonica*

花期 3～7月
生活 一年草または越年草
分布 日本全土
生育 道端、庭、敷石の間

ナデシコ科

葉は線形で対生する

白い5弁花で径約4mm

高さ5～20cm

茎は地を這う

石畳の継ぎ目や道端など背の高い草が生えないような足元に多い

踏みつけに強いほふく性で、分枝して横に広がる。春から夏にかけて、茎先の葉腋に小さな白い花をつける。シロツメクサ（P.90）やアカツメクサ（P.194）の語源とは異なり、本種は葉の形が小鳥の趾の爪に似ることから「爪草」と呼ばれる。

ナデシコ科

オオツメクサ 【大爪草】

学名 *Spergula arvensis var. sativa*

花期	4～8月
生活	一年草または越年草
分布	ヨーロッパ原産
生育	道端、荒れ地、畑地

茎の基部は地を這い、先端は斜上
して花をつける。明治維新の頃、
横須賀で採取されたのが国内では
最初とされ、今では全国的に見ら
れる。

花の直径は
7～8mm

高さ15
～50cm

果実は熟すと一度
果柄ごと下を向く

📷 観察ポイント

全体にまばらな腺毛があり、
葉は糸のように細いが多肉
質で十数本が輪生し、そ
こから分枝して広がる。

糸のように細い
葉が十数本輪
生する

茎は細くはじめほ
ふくする

埋め立て地等などで最初に生
えてくることも多い

80

シロバナマンテマ

ナデシコ科

- 学名 *Silene gallica* var. *gallica*
- 花期 5〜6月
- 生活 一年草または越年草
- 分布 ヨーロッパ原産
- 生育 荒れ地、空き地、道端

花色は白色
または淡紅色

果実は熟すと花の
ように上部が開く

江戸時代末期に観賞用に導入されたものが逸出帰化し、本州中部地方以南で見られる。日本海側などでは花に紅紫色の斑のあるマンテマが多いが、学名上の母種はシロバナマンテマ。

茎にも毛が多い

高さ20〜30cm

（写真：山田達朗）

仲間! **サクラマンテマ**
地中海沿岸原産で観賞用に入ったものが、人家付近などに逸出帰化している。草丈は約50cm、花は径約2cmの淡紅紫色。

葉は対生し
毛がある

81

ナデシコ科

ミドリハコベ【緑繁縷】

別名 ハコベ
学名 *Stellaria neglecta*

花期 4〜5月
生活 越年草
分布 北海道〜九州
生育 畑地、道端、草地

その名のとおり全体が緑色のハコベ。コハコベ（P.83）の茎が紫褐色を帯びる傾向が強いのに対して、茎も緑色で全体が瑞々しく柔らかい感じがある。雄しべの数が4〜10本と多いのも特徴。

雄しべは
4〜10本

葉は長さ1.5
〜2.5cm

茎は緑色

茎はわずかに紫褐色を帯びることもあるが、ふつうは緑色

高さ10〜30cm

ミドリハコベの仲間

ウシハコベ【牛繁縷】

`学名` *Stellaria aquatica*
`花期` 4〜10月
`生活` 越年草または多年草
`分布` 北海道〜九州
`生育` 道端、溝の周辺、草地

大きいので名前にウシ(牛)がついた。茎は地を這ってから斜上する。葉は縁が波打ち先端は尖る。5枚の花弁は深裂して10枚に見えるのは多種と同じだが柱頭は5本ある。

花弁5枚、花柱5本、雄しべ10本

高さ20〜60cm

イヌコハコベ【犬小繁縷】

`学名` *Stellaria pallida*
`花期` 3〜6月　`分布` ヨーロッパ原産
`生活` 越年草または一年草　`生育` 道端、畑地

1978年に船橋市で初めて見つかった帰化植物で、今では関東〜関西地方でふつうに見られる。コハコベそっくりだが、花弁がなく萼片の基部に紫色の斑があるのが特徴。

高さ15〜40cm

花弁はなく、基部は萼片、内部は果皮の裂片

コハコベ【小繁縷】

`学名` *Stellaria media*
`花期` 3〜11月　`分布` 日本全土
`生活` 越年草または一年草　`生育` 畑地、道端、庭

最もよく見かけるハコベがこのコハコベでミドリハコベとともに昔からハコベ(ハコベラ)の名で親しまれている春の七草のひとつ。古くに大陸から帰化した史前帰化植物とされる。

花柱は3本、雄しべは1〜7本

ヒガンバナ科

ニラ【韮】

学名 *Allium tuberosum*

花期 8〜9月
生活 多年草
分布 本州〜九州
生育 道端、土手、田畑周辺

野菜として親しまれ、弥生
時代に入ってきたとする説
と、日本で自生していたと
する説がある。いずれにし
ろ現在は東アジア中心に広
く分布し、日本各地でもふ
つうに見られる。

花の直径
は約8mm

📷 **観察ポイント**

花茎の先に集まって
咲く純白の花は美しく
観賞用としても植えら
れる。6枚の花びら
に見えるが、3枚だ
けが花弁で、残りの
3枚は花を包んでい
た苞からなる。

花茎は直立する

葉は長さ30
〜40cm、幅
5〜7mm

畑やその周辺のほか、道
端や空き地にも生える

高さ30〜50cm

ハナニラ【花韮】

学名 *Ipheion uniflorum*

花期 3〜4月
生活 多年草
分布 南アメリカ産
生育 人家付近、空き地、道端、土手

ヒガンバナ科

明治時代に観賞用に導入されたものが逸出帰化し、地下で分球して群生することが多い。属名のイフェイオンの名でも呼ばれ、青みが強い花のウィズレーブルーなど園芸品種も豊富。

花の直径は約3cm

高さ10〜20cm

細い花茎に花はひとつ

葉は長さ10〜20cm、幅5〜7mm

地下の鱗茎が分球し、数年で大株になる

📷 観察ポイント

全草ニラ臭があり、葉もニラの葉を短くした感じだが食べられない。

85

ヒガンバナ科

ハタケニラ【畑韮】

学名 *Nothoscordum gracile*
花期 5〜6月
生活 多年草
分布 北アメリカ原産
生育 畑周辺、荒れ地、道端

明治時代に観賞用として導入。種子だけでなく、地下の鱗茎でも増えるため繁殖力が強く、現在では関東地方以西に帰化している。畑周辺や道端、舗装の割れ目にまで生えてくる。

花の直径は1.2〜1.5cm

📷 観察ポイント

花びらは6枚で裏側の中心には縦に赤紫色の腺が入る。花にはほんのり芳香があるが、葉にニラのような臭いはない。

高さ30〜50cm

太めの花茎の先に7〜20個の花をつける

葉は線形で長さ約30cm

ニラと同じような環境に生えるが、花期が初夏

タマスダレ【玉簾】

別名 レインリリー
学名 *Zephyranthes candida*

花期	8～10月
生活	多年草
分布	南アメリカ原産
生育	人家付近、空き地、道端、土手

ヒガンバナ科

明治時代初期に観賞用に導入された常緑多年草で、家周辺に逸出帰化している。地下にある鱗茎が分球することにより増えて群生するが、種子でも増える。

花の直径は約5㎝

📷 観察ポイント

原産地での性質か、乾燥したあとの雨で一斉に花開くといわれ、レインリリーとも呼ばれる。

毎年夏の終わり頃から純白の花を咲かせる

葉は線形で
長さ20～30㎝

高さ20～30㎝

87

ヒルガオ科

マメアサガオ【豆朝顔】

- 学名 *Ipomoea lacunosa*
- 花期 8〜10月
- 生活 一年草
- 分布 北アメリカ原産
- 生育 道端、荒れ地、草原

つる性

花は直径約1.5cm

葉はハート形または3裂

まるい果実を上向きにつける

ホシアサガオに似るが、花色が白いのが特徴

1955年に東京近郊で帰化が知られて以来、現在は関東地方以西でふつうに見られる。花は白色かごく淡い淡紫色で、遠目には白く見える。花の中央部も白いが雄しべの葯だけが赤紫色なのが特徴。

メドハギ【蓍萩】

学名 *Lespedeza cuneata* var. *cuneata*

花期 8〜10月
生活 多年草
分布 日本全土
生育 空き地、草地、荒れ地、河原

マメ科

草原で真っ直ぐに立った茎に、3小葉からなる葉を密生させて株立ちしている姿は、遠目にもすぐ本種とわかる。占いに使う筮竹(ぜいちく)を「めどぎ」といい、今は竹だが昔はこの草を使ったという。「めどぎの萩」が語源。

葉は3小葉からなる

茎は硬く直立する

花は葉腋に数個つき径5〜6mm

法面緑化に大陸産の種子が播かれ混乱している

高さ50〜120cm

📷 観察ポイント

花は白色または黄白色の蝶形花で旗弁に紫色の筋が入る。夏から秋にかけての花期には、葉腋にびっしりとつけ見事だ。

89

マメ科

シロツメクサ【白詰草】

別名 クローバー、オランダゲンゲ
学名 *Trifolium repens*
花期 5〜8月
生活 多年草
分布 ヨーロッパ原産
生育 草地、道端、空き地

明治時代に飼料作物として導入され野生化した帰化植物。現在は四つ葉のクローバーなどでも知られ、身近な草の代表のような存在である。葉の形や模様は変化に富む。

上から見た花

高さ8〜30cm

花は受粉したものから下を向く

幸運を呼ぶという四つ葉のクローバー

多数の蝶形花からなる花は、蜜源植物でもある

📷 観察ポイント

葉は3小葉が基本。四つ葉のクローバーは一種の変異体で、五つ葉やそれ以上もある。ひとつ見つかると近くにまたある確率が高いようだ。

ヨウシュヤマゴボウ【洋種山牛蒡】

ヤマゴボウ科

別名 アメリカヤマゴボウ
学名 *Phytolacca americana*

- **花期** 6〜9月
- **生活** 多年草
- **分布** 北アメリカ原産
- **生育** 空き地、荒れ地、畑、道端

紅紫色を帯びた茎は、よく枝分かれして灌木のように2mも育つ。総状の花序や果実は垂れ下がるのが特徴で、大きな葉は秋に美しい色に紅葉する。全草有毒なので口にしないこと。

高さ1〜2m

5枚の花弁に見えるのは萼片

仲間!
ヤマゴボウ
中国原産で、たくさんの花をつけた総状花序が直立するのが特徴。山菜のヤマゴボウとはモリアザミ（キク科）の根で、本種も有毒で食べられない。

📷 **観察ポイント**

果実は黒紫色に熟し、潰すと赤紫色の汁が出るところからインクベリーとも呼ばれる。

— 茎は無毛で赤紫色を帯びる

— 葉は無毛で互生する

— 果実も有毒なので食べてはいけない

91

ヤマノイモ科

ヤマノイモ【山の芋】

別名 ジネンジョ、ヤマイモ
学名 *Dioscorea japonica*
花期 7～9月
生活 多年草
分布 本州～沖縄
生育 林内、林縁、藪

つる性

雌花序は下垂する

果実は3稜で平たく房状につく

雄花序は起立する

観察ポイント

自然薯と呼ばれ、粘り気とコクのあるとろろは絶品。細長いハート形の葉が黄色に色づいたら芋を掘る。

茎にムカゴをつける

葉は細長いハート形で対生する

仲間！
ナガイモ
これは雌花。中国原産の多年草で古く中国から渡来した。ヤマノイモに似るが葉の基部の張り出しが大きく茎が紫を帯びる。

林や藪で木や草に絡まって伸びる。雌雄異株で、雄花序は上向きにつき、花は白くて丸くほとんど開かない。雌花序は垂れ下がり、結実すると3稜の果実ができる。

タカサゴユリ【高砂百合】

学名 *Lilium formosanum*

花期	7〜10月
生活	多年草
分布	台湾原産
生育	道端、道路の法面、土手、空き地

ユリ科

台湾原産のユリで観賞用に入ったものが逸出帰化。発芽から6カ月で開花するという性質から急速に各地に広がった。花はテッポウユリに似るが、花の裏側に紫褐色の線が入る。

高さ60〜150cm

花の裏側に紫褐色の線が入る

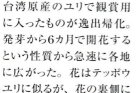

葉は細い

📷 **観察ポイント**

最近は花に紫褐色の線のないテッポウユリと、タカサゴユリの交配種シンテッポウユリも野生化しており、その中間型も含め区別が難しい。

テッポウユリとの交雑種シンテッポウユリ

93

レンプクソウ科

ソクズ

別名 クサニワトコ

学名 *Sambucus chinensis*

花期 7～8月

生活 多年草

分布 本州～九州

生育 草地、道端

高さ1～1.5m

花は白色で
径3～4mm

📷 **観察ポイント**

花の集まりの中に
点々と黄色い杯状
の腺体があるのが
特徴。

葉は羽状複葉

人里近くの草地に多く見
られる

地下茎で増えて群生していること
が多い。名前は中国名のサクダク
が転訛したものといわれる。草本
ではあるが、同じ仲間で木本のニ
ワトコに花も葉もよく似ているため、
クサニワトコとも呼ばれる。

セイヨウカラシナ【西洋芥子菜】

- 別名 カラシナ
- 学名 *Brassica juncea*
- 花期 4〜6月
- 生活 一年草または越年草
- 分布 西アジア原産
- 生育 河川敷、道端

アブラナ科

高さ30〜150cm

河原や河川敷に延々と咲く様子は見事。セイヨウアブラナ（P.96）と混生していることも多いが、全体に細めの印象がある。

花は黄色い4弁花で径約1cm

種子から芥子をつくるカラシナの野生種で、食べられる

葉のつけ根は茎を抱かない

アブラナ科

セイヨウアブラナ【西洋油菜】

別名 ヨウシュナタネ
学名 *Brassica napus*
花期 4〜6月
生活 一年草または越年草
分布 ヨーロッパ原産
生育 線路沿い、河川敷、道端

菜種油を採るために栽培されたものが逸出したり、観賞用に播種されたりして、線路沿いの土手や河川敷に野生化している。

高さ30〜120cm

花弁は幅広く径約15mm

この果実が熟すと中の種子から油がとれる

海岸沿いなどの暖地では冬のうちから花が咲き始める

葉のつけ根が茎を抱く

96

イヌガラシ【犬芥子】

学名 *Rorippa indica*

高さ10 ～ 50cm

アブラナ科

花は黄色で
径3 ～ 4mmの
4弁花

果実は長さ1 ～
2.5cmの棒状で
上向きに反る

花期 3 ～ 10月
生活 一年草または越年草
分布 北海道～沖縄
生育 畑、道端

畑や道端などに生え、茎や葉が黄褐色～紫褐色がかることが多い。果実は細長い棒状で上向きに反る。若い茎葉は辛みがあって食べられる。

茎は紫褐色を帯びることが多い

97

アブラナ科

スカシタゴボウ【透かし田牛蒡】

学名 *Rorippa palustris*
花期 3〜11月
生活 一年草または越年草
分布 北海道〜沖縄
生育 田の周辺、湿った畑

高さ20〜60cm

花は黄色で径約3mm

果実は長さ4〜8mmの棒状で太め

田の畦やその周辺など、湿ったところに生えることが多い。イヌガラシ（P.97）によく似ているが、果実が太くて短いこと、葉の切れ込みが大きいことなどで見分けられる。

ゴボウのような太い根はなく名の由来は不明

カキネガラシ【垣根芥子】

アブラナ科

学名 *Sisymbrium officinale*

花期 4〜6月　生育 道端、荒れ地
生活 越年草
分布 ヨーロッパ原産

道端のガードレール脇や中央分離帯などにも生えるが、花が小さく、果実も茎に密着していて枯れ枝のようで目立たない。毛のあるものと、ないものがある。

花は黄色で径4〜5mmの4弁花

細長い果実が茎に沿って密着する

下部の葉は羽状、上部の葉はT字型

高さ40〜80cm

仲間!　**イヌカキネガラシ**
近縁種にイヌカキネガラシがある。こちらは対照的に果実が細長くて茎と垂直方向に開いてつくのが特徴。

99

アヤメ科

キショウブ【黄菖蒲】

学名 *Iris pseudacorus*
花期 5～6月
生活 多年草
分布 ヨーロッパ原産～西アジア原産
生育 水辺、池、沼

明治時代に観賞用に入ったものが野生化している帰化植物。窒素、リン、塩類の吸収に優れ、環境への適応力も強いため、各地の水辺に定着したようだ。

花は黄色でよく目立つ

葉は幅約3cmで中央脈が目立つ

高さ60～120cm

黄色い花は水辺でもよく目立つ

📷 観察ポイント

葉は長さ50～120cm、幅1.5～3cmで中央の脈が大きく隆起しているのをはじめ全体に凸凹している。

100

ホソバウンラン【細葉海蘭】

オオバコ科

- 別名 セイヨウウンラン、ホザキウンラン
- 学名 *Linaria vulgaris*
- 花期 5〜8月
- 生活 越年草
- 分布 ユーラシア原産
- 生育 道端、荒れ地、道路の法面

大正時代に利尿や皮膚病の薬用（トードフラックスのハーブ名をもつ）や観賞用として入ってきたが、逸出して野生化している。園芸植物のリナリア（ヒメキンギョソウ）と近縁。

花は黄色で後部に距がある

果実はやや細長い球形で長さ6〜10mm

高さ30〜80cm

葉は長さ3〜5cm

茎は直立する

道路の法面緑化に大量に使われたことが、各地に拡散した原因かもしれない

カタバミ科

カタバミ【傍食】

学名 *Oxalis corniculata* var. *corniculata*
花期 4～10月
生活 多年草
分布 日本全土
生育 道端、空き地、畑

花は黄色で径約1cm

葉はハート形の小葉が3枚

果実は熟すと弾けて種子を飛ばす

高さ3～10cm

花茎以外は立ち上がらずに地を這う

夜や悪天候の日は葉が閉じ、片方が食まれているように見えるのでカタバミの名がついた。道端や空き地など、どこにでも繁殖する強さから、繁栄の象徴として家紋にも使われる。

仲間!

アカカタバミ
茎や葉が赤紫色のものをアカカタバミと呼ぶ。黄色い花の中心が赤みを帯びることが多い。

102

オッタチカタバミ【おっ立ち傍食】

学名 *Oxalis dilleniid*

- **花期** 4〜10月
- **生活** 多年草
- **分布** 北アメリカ原産
- **生育** 道端、空き地

高さ15〜40cm

カタバミ科

花は黄色で径約1cm

葉はあまり平開せず垂れ下がった感じ

果柄が下向きになって果実は直立する

駐車場の車止めのすき間に地下茎をのばして群生する

カタバミ（P.102）の茎が地を這うのに対し、地下茎は横に走るが、地上の茎は立ち上がるのでこの名がついた。1960年代に京都で見つかって以来、各地に広がった。

103

カタバミ科

オオキバナカタバミ【大黄花傍食】

- 別名 キイロハナカタバミ
- 学名 *Oxalis pes-caprae*
- 花期 3〜6月
- 生活 多年草
- 分布 南アフリカ原産
- 生育 人家付近、道端、荒れ地

高さ20〜50㎝

花は黄色で径約3㎝

葉には紫褐色の斑点が入る

暖地では冬でも花をつけていることもある

📷 観察ポイント

葉に紫褐色の斑点が入るのが特徴で、花がないときでも他種と見分けやすい。

観賞用に入ったものが逸出して本州中部以南に帰化している。大きい黄色い花と高い背丈で、花期はよく目立つ。根元に多くの鱗茎をつくって群生することが多い。

104

アメリカセンダングサ【亜米利加栴檀草】

キク科

別名 セイタカタウコギ
学名 *Bidens frondosa*

花期 8～10月
生活 一年草
分布 北アメリカ原産
生育 水辺、水田周辺、畑地

高さ50～150cm

葉は対生

茎は緑色～暗紫色

花の下部の大きな総苞が目立つ

果実には2本の刺がある

別名セイタカタウコギは、在来種タウコギを細長くした感じから。

大正時代に渡来した北アメリカ原産の帰化植物で、水辺など湿った場所に見られる。果実（瘦果）には刺があり、衣服や動物に付着するひっつき虫のひとつ。

105

キク科

コセンダングサ【小栴檀草】

学名 *Bidens pilosa*

花は舌状花がなく筒状花のみ

果実には2〜4本の刺がある

高さ50〜150cm

葉は羽状に裂け、小葉には鋸歯がある

花期 8〜10月
生活 一年草
分布 熱帯北アメリカ原産
生育 道端、畑地、荒れ地

熱帯アメリカ原産で、日本には江戸時代に渡来したといわれる。花に舌状花はなく、黄色い両性花である筒状花の集まりからなる。果実は衣服につくひっつき虫。

📷 観察ポイント

アメリカセンダングサ（P.105）よりも乾燥した畑地に生え、暑さの厳しい夏にどんどん成長して、秋にかけて花をつける。

106

オオキンケイギク【大金鶏菊】

学名 *Coreopsis lanceolata*

キク科

八重咲き

花の直径は5〜7cm

緑の葉に黄色い花はとても明るい雰囲気

高さ30〜70cm

根元の葉は3〜5小葉からなる

花期 5〜6月
生活 多年草
分布 北アメリカ原産
生育 道路の法面、土手、道端、河原

📷 観察ポイント

根元の葉は長い柄があり小葉数枚からなるが、上部へいくほど細身になる。

明治時代中期に導入され、法面緑化などに大量に使われたが現在は特定外来生物として栽培などが禁止されている。花は一重咲きから八重咲きまで変化がある。

107

キク科

ハルシャギク【波斯菊】

別名 ジャノメソウ、クジャクソウ
学名 *Coreopsis tinctoria*
花期 6〜11月
生活 一年草
分布 北アメリカ原産
生育 河川敷、荒れ地、草原

舌状花は8個ほどで模様はさまざま

高さ
40〜100cm

花後の様子。中には痩果が詰まっている

花は外側が黄色、中心が赤褐色の蛇の目模様のほかに、黄一色や赤褐色のみの花もある

葉は対生で、細く深く裂ける

明治初期に観賞用として導入されたものが逸出して各地の河川敷や空き地などに群生する。長い茎は細くしなやかで、その上に咲く黄色系の花の直径は約3〜4cm。

キバナコスモス【黄花秋桜】

学名 *Cosmos sulphureus*

花期 4〜10月
生活 一年草
分布 熱帯アメリカ原産
生育 人家付近、荒れ地、道端

キク科

花の直径は5〜6cm

高さ40〜120cm

茎は成長とともによく分枝する

葉は細く切れ込みは深い

いわゆるコスモスと呼ばれるオオハルシャギクとは同属異株。

メキシコなど熱帯アメリカ原産で、大正時代に観賞用として導入されたものが逸出帰化している。日当たりと適度な水さえあれば、こぼれた種子から毎年育つほど丈夫。

109

キク科

キクイモ【菊芋】

学名 *Helianthus tuberosus*

花期	9 ～ 10月
生活	多年草
分布	北アメリカ原産
生育	人家付近、空き地、畑地、野原

花の直径は
約10㎝

高さ1.5 ～ 3m

茎は硬くざらつく

葉はざら
つく

人の背丈より高く群生す
る様は壮観

観賞用、食用、薬用に栽培された
ものが逸出帰化。人の背丈より大
きく、夏期には黄色い花をつけるの
でよく目立つ。地下の塊茎に含まれ
る天然の多糖類イヌリンは、消化
吸収されにくいので、糖尿病など
の健康食として知られる。

地下にできる芋状の塊茎

110

キクイモモドキ【菊芋擬き】

学名 *Heliopsis helianthoides*

花期 8〜9月
生活 多年草
分布 北アメリカ原産
生育 人家付近、空き地、畑地、野原

キク科

 観察ポイント

花びら（舌状花）は15枚ほど、花は一様に上を向いて咲く、中央の筒状花の部分が大きめで盛り上がるなどの特徴があり、キクイモ（P.110）と区別できる。

花の直径は約7cm

葉はがさがさした感じ

高さ80〜120cm

キクイモほど大きくならないので、よく庭植される

北アメリカ原産で観賞用として入ったものが逸出しているが、あまり多くはない。キクイモより小さくて、人の背丈を越えることはまずなく、地下に塊茎はつくらない。

111

キク科

ブタナ【豚菜】

- **別名** タンポポモドキ
- **学名** *Hypochaeris radicata*
- **花期** 6〜9月
- **生活** 多年草
- **分布** ヨーロッパ原産
- **生育** 道端、土手、空き地

タンポポの葉を多肉質にしたような根生葉の中心から長い花茎を伸ばし、先端にタンポポそっくりの花がつく。フランスでの呼び名Salade de porc（豚のサラダ）が名前の由来だが、野菜やハーブとして人々にも親しまれている。

タンポポ似た花は径3〜4cm

📷 観察ポイント

花茎は多少分枝しながら伸び、葉がないのが特徴。

高さ40〜80cm

ふつう花茎に葉はつかない

ロゼット状で越冬し、春に花茎をのばす

葉は肉厚で両面に毛がある

アキノノゲシ【秋の野罌粟】

キク科

学名 *Lactuca indica* var. *indica*

花期 9〜11月
生活 一年草または越年草
分布 日本全土
生育 荒れ地、草地、田畑の周辺

春から咲くノゲシ（P.123）に対して秋に咲くのが名の由来。今では日本全土に分布するが、稲作文化とともに日本に渡来した史前帰化植物とされる。葉が切れ込まず、細いものをホソバアキノノゲシと呼ぶこともある。

花は淡黄色で径約2.5cm

茎は上部で円錐状に分枝し花をつける

茎はまっすぐ伸びる

下部の葉は切れ込み、上部は切れ込まない

高さ1〜2m

トゲチシャとともに野菜のレタスとは近縁

📷 観察ポイント

花は黄色で草丈はせいぜい1m程度のノゲシに対して、本種の花は淡黄色で草丈は大きいもので2mにもなる。

113

キク科

トゲチシャ【刺萵苣】

学名 *Lactuca serriola*
花期 6〜8月　**生活** 一年草または越年草
分布 ヨーロッパ原産
生育 道端、草地

花は淡黄色で径約8mm

高さ80〜150cm

茎にも刺がある

📷 観察ポイント

野菜のレタスと花の色や形がそっくりで、レタスの原種ともいわれる。

痩果には冠毛がある

1940年代に北日本で確認されて以来、確実に分布を広げている。葉はふつう大きく切れ込み、よじれて葉面が地面と垂直につく。葉に切れ込みがないものをマルバトゲチシャという。

葉の主脈やふちに刺がある

コウゾリナ【髪剃菜】

キク科

学名 *Picris hieracioides* subsp. *japonica* var. *japonica*
花期 5〜10月
生活 一年草または越年草
分布 北海道〜九州
生育 空き地、草地、道端

ロゼット状の葉で冬を越し、春に花茎を伸ばす。分枝した先にはタンポポを少し小さくしたような黄色い花をつける。褐色の剛毛のあるザラザラした葉を髪剃（剃刀）にたとえたのが名の由来。

花の直径は2〜2.5cm

痩果の冠毛は淡褐色がかる

📷 観察ポイント

ブタナ（P.112）と草丈は似るが、茎に葉がつくところが異なる。

茎にも赤褐色の毛がある

全体に毛が多く、茎にも葉がつき葉腋から分枝する

高さ30〜100cm

葉には硬めの毛があり切ると白い乳液が出る

115

キク科

ハハコグサ【母子草】

- **別名** ホオコグサ、オギョウ
- **学名** *Pseudognaphalium affine*
- **花期** 4〜6月
- **生活** 越年草
- **分布** 日本全土
- **生育** 畑、空き地、道端

春の七草「ゴ（オ）ギョウ」は本種のこと。以前は七草粥だけでなく草餅にも使われたという。名の由来は諸説あり、果実がほおけるところからホオコグサとも呼ばれ、これが訛ったとする説もある。

黄色い花は筒状花のみからなる

葉は柔らかい毛に覆われる

高さ15〜40cm

茎も毛に覆われ白っぽく見える

稲作文化の伝播と共に大陸から入ってきた史前帰化植物とされる

オオハンゴンソウ【大反魂草】

キク科

学名 *Rudbeckia laciniata*

花期 7～9月
生活 多年草
分布 北アメリカ原産
生育 川や水路沿い、河川敷

筒状花は黄緑色、舌状花は黄色

帰化植物のルドベキア属の中でも草丈は最大で3mになることもある

高さ1.5～3m

上部の葉は切れ込まないものもある

下部の葉は5～7裂する

茎は上部で分枝する

明治時代中期に観賞用として導入。それが逸出して群生していることも多い。湿った環境を好むため山の渓流沿いや湿った林縁にも見られる。

キク科

アラゲハンゴンソウ【粗毛反魂草】

別名 キヌガサギク
学名 *Rudbeckia hirta*

花期 7〜9月
生活 二年草
分布 北アメリカ原産
生育 荒れ地、道端、牧草地

観賞用に栽培もされているが、第二次世界大戦前から北海道の牧場で野生化していたといわれる。現在は各地の道路沿いや草地でふつうに見られる。

花の直径は8〜10㎝

高さ40〜90㎝

葉には粗い毛がある

茎は紫褐色がかり粗い毛がある

大きな花が上向きに咲くので迫力がある。花弁に模様が入るものもある。

📷 観察ポイント

ルドベキアの属名で多くの園芸種が出回っており、それらの逸出も考えられるが、同じ場所に定着するようでもなさそうだ。

ミツバオオハンゴンソウ　【三葉大反魂草】

別名 オオミツバハンゴンソウ
学名 *Rudbeckia triloba*

キク科

帰化しているルドベキアの仲間ではもっとも花が小さい

花の直径は3～4cm

葉の上部は切れ込まず、下部は3深裂する

茎は紫褐色を帯び毛が密生する

花期 7～9月
生活 二年草
分布 北アメリカ原産
生育 人家付近、山野、荒れ地

高さ1～1.5m

小さな花をたくさんつけるルドベキアとして観賞用にされるが、逸出して野生化している。上部の葉は切れ込まないが、下部の葉は長い柄があり3深裂するのでこの名がある。

キク科

ノボロギク【野襤褸菊】

学名 *Senecio vulgaris*
花期 3〜12月
生活 一年草または越年草
分布 ヨーロッパ原産
生育 畑、空き地、道端

散りはじめなければ綿毛はボロくない

花は筒状花のみからなる

葉はやや厚みがあり柔らかい

茎は瑞々しく中空

高さ20〜40cm

わずかな隙間があれば舗装路の縁にも生える

📷 観察ポイント

筒状花を取り巻く部分（総苞や小苞）の先が黒く、目立たない花のアクセントになっている。

いつでもどこかしらに咲いている草。畑の陽だまりや北風の当たらない道端などでは、冬でも開花している。名前のボロとは果実の綿毛がぼろ切れのように見えることから。

120

セイタカアワダチソウ【背高泡立草】

- **別名** セイタカアキノキリンソウ
- **学名** *Solidago altissima*

- **花期** 10～11月
- **生活** 多年草
- **分布** 北アメリカ原産
- **生育** 荒れ地、空き地、道端

キク科

黄色い小さな花が円錐状につく

高さ1.5～2.5m

葉の表面はざらつく

茎は分枝しない

最近、大群落は一時より見かけなくなった

地下茎を伸ばして増え、根からほかの植物の成長を妨げる物質を出して大群落をつくるが、やがて自らもその影響を受けて数を減らすといわれる。泡立ったような果実が名の由来。

📷 観察ポイント

黄色い花の群生は見事。近づいてよく見ると、細い花弁からなる小さな舌状花はとても可憐で美しい。

121

キク科

オニノゲシ【鬼野罌粟】

学名 *Sonchus asper*

綿毛の直径は約2.5cm

花の直径は2〜2.5cm

葉の縁には刺状の鋸歯がある

高さ50〜120cm

茎は中空で切ると白い乳液が出る

花期 3〜10月
生活 越年草
分布 ヨーロッパ原産
生育 荒れ地、道端

1892年に東京で見つかり、現在は日本全土に分布。ノゲシ（P.123）よりがっちりとしていて、葉の鋸歯が刺状で荒々しいのが名前の由来。ロゼットの形で越冬する。

📷 観察ポイント

葉に触れて痛ければオニノゲシ、痛くなければノゲシ。舌状花がノゲシよりやや細めで繊細な印象。

122

ノゲシ【野罌粟】

- 別名 ハルノノゲシ、ケシアザミ
- 学名 *Sonchus oleraceus*
- 花期 3〜10月
- 生活 越年草
- 分布 ヨーロッパ原産
- 生育 畑、道端、荒れ地

キク科

道端から畑までどこにでも生え、タンポポを小さくしたような黄色い花が次々と咲く。暖かい地方なら冬でも花が見られる。野に咲き、葉の形がケシと似ているのでノゲシとなったが、ケシ科ではなくキク科の植物。

花の直径は2〜2.5cm

高さ50〜120cm

花の後に小さな綿毛をもった果実をつける

茎は中空で切ると白い乳液が出る

葉の基部は茎を包み込むように抱く

123

キク科

セイヨウタンポポ【西洋蒲公英】

別名 ショクヨウタンポポ
学名 *Taraxacum officinale*

果実（痩果）には長い冠毛があり綿毛状になる

花の直径は3〜4cm

高さ15〜30cm

花茎は中空

花後、花茎はいちど倒れる

花期 3〜10月
生活 多年草
分布 ヨーロッパ原産
生育 道端、空き地、荒れ地

食用として北海道に導入されたのが帰化したといわれる。陽だまりでは冬でも花をつけ、しかも受粉しなくても結実する性質からどんどん増えた。根の断片からでも増える。

📷 観察ポイント

在来種との違いは総苞片の外片が外側に反り返ることだが、最近は在来種との雑種が増えていてその反り返り方が中途半端なものも多い。

セイヨウタンポポの仲間

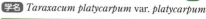

セイヨウタンポポの
総苞片は反り返る

葉の形には
変化が多い

群生するセイヨウタンポ
ポ。舌状花の数が多いの
で華やかな印象。

カントウタンポポ【関東蒲公英】 固

学名 *Taraxacum platycarpum* var. *platycarpum*

花期 3〜5月
生活 多年草
分布 本州（関東
〜中部地方）
生育 草地、土手、
田畑

関東地方に多い在来種だが、数は減っている。総苞外片にくらべ内片が2倍近く長く、外片は反り返らず、先端にわずかな突起がある。

トウカイタンポポ【東海蒲公英】 固

学名 *Taraxacum platycarpum* var. *longeappendiculatum*

花期 3〜5月
生活 多年草
分布 本州（関東
〜近畿地方）
生育 草地、田畑、
土手

明るい緑色をした総苞片は内片と外片の長さの差がほとんどなく、先に大きな突起があるのが特徴。ヒロハタンポポの別名があるが葉幅は特に広くはない。

キク科

フトエバラモンギク【太柄婆羅門菊】

学名 *Tragopogon dubius*

花期 4〜6月
生活 二年草または多年草
分布 ヨーロッパ原産
生育 道端、草地、荒れ地

花は黄色で径約5cm

綿毛の直径は7〜8cm

茎は蕾近くで太くなる

高さ30〜60cm

葉は互生する

道端や空き地などで見かけることが多い

📷 観察ポイント

バラモンジン（P.209）の花色違いに見えるが、キバナバラモンジン（フタナミソウ属）という別の植物があるので要注意。

以前はバラモンギクに含まれていたが、花茎がより太く、花びらの先に細かい切れ込みがないものをフトエバラモンギクと呼ぶようになった。太い根は食用。

126

カラクサシュンギク【唐草春菊】

キク科

学名 *Thymophylla tenuiloba*

花期 5〜10月
生活 一年草
分布 北アメリカ南部

〜メキシコ原産
生育 道端、河川敷、空き地

ダールベルグデージーや属名のティモフィラの名で流通している園芸植物でもあるが、か細い姿に似ず、夏の暑さや乾燥にも強いため道端や空き地等に逸出帰化している。

花は直径1.5〜2cm

茎は細くて無毛

高さ15〜30cm

葉はシュンギクの香り

上記の他に旧属名のディッソディアの名でも流通しており、数種の園芸品種がある。

📷 観察ポイント

葉はコスモスの葉を小さくした感じで、細く深く羽状に切れ込み糸のように細いが、揉むとシュンギクのような強い香りがあり、これが名前の由来と思われる。

127

キク科

オニタビラコ【鬼田平子】

学名 *Youngia japonica*
花期 5～10月
生活 一年草または越年草
分布 日本全土
生育 道端、庭、畑地、空き地

根元の葉の中心から長い茎を伸ばして、タンポポを小さくしたような花を多数つける。全体に毛が多いのも特徴。花後は長さ3～4mmの冠毛がある果実をつける。

花の直径は7～9mm

📷 観察ポイント

前年に芽生えた苗は、ロゼット状で冬を越し、春に花茎を伸ばす。花期にも根元の葉は残って大きく茂り、茎には数枚の葉が互生するのみ。

茎は直立する

高さ20～80cm

根元の葉はロゼット状に広がり、茎の葉はまばらにつく

仲間!

アオオニタビラコ・アカオニタビラコ
近年、葉に青みがあり花茎が数本あるものをアオオニタビラコ（上）、葉が赤みを帯び、花茎が一本で茎葉があるものはアカオニタビラコ（左）と分けられたが、当てはまらないものや中間的なものも多いように思われる。

128

ビロードモウズイカ【天鵞絨毛蕊花】

別名 ニワタバコ
学名 *Verbascum thapsus*
花期 8～9月
生活 越年草
分布 ヨーロッパ原産
生育 道端、道路の法面、荒れ地、河原

ゴマノハグサ科

都会から山岳地域まで広く帰化している。高速道路の法面や石垣のすき間、幹線道路の中央分離帯までどこにでも生える。雄しべにまで毛が生えているのが名前の由来。

花の直径は約2.5cm

茎は直立する

葉は毛が密生してビロード状

冬は大きなロゼット状で越冬する

高さ1～2m

岩場や舗装路のすき間にも根を下ろし大きく育つ

📷 **観察ポイント**

寒い地域ではロゼットの葉が乾いたぼろ雑巾のようになるが、それでも春には芽を伸ばす強さをもつ。

129

サクラソウ科

コナスビ【小茄子】

学名 *Lysimachia japonica*

花期 5〜6月
生活 多年草
分布 日本全土
生育 林縁、草地、道端

花の直径は6〜9mm

赤紫色に紅葉して越冬し春に伸びて花をつける

茎は地を這う

高さ2〜5cm

葉は基本互生だが対生することもある

📷 観察ポイント

葉は基本的には互生と思われるが、小苗や若い茎では対生していることもあり、伸びるにつれて互生するようだ。

林道沿いの斜面などによく生えているが、地を這うため、黄色い花が咲いていないと気づかないことが多い。萼のついた丸い果実が小さなナスに似ていることが名前の由来。

果実は丸くて毛がある

コバンバコナスビ【小判葉小茄子】

- 別名 ヨウシュコナスビ
- 学名 *Lysimachia nummularia*
- 花期 5〜7月
- 生活 多年草
- 分布 ヨーロッパ原産
- 生育 人家付近、石垣、空き地

サクラソウ科

花の直径は2〜2.5cm

高さ2〜5cm

茎は地を這う

ヨーロッパ原産で、園芸植物として入ってきた。主にロックガーデンやグランドカバーに利用されるが、逸出して野生化している。ヨウシュコナスビの別名がある。

葉に鋸歯はなく表面は光沢がある

大きめの花と明るい緑色の葉は、華やかな印象

📷 観察ポイント

在来種のコナスビ（P.130）より大型で、ずっと派手だが、地を這って広がる生態は同じ。毛はほとんどなく葉にはやや光沢があり、花茎が長めなのも特徴。

スベリヒユ科

スベリヒユ【滑り莧】

学名 *Portulaca oleracea*
花期 7～9月
生活 一年草
分布 日本全土
生育 畑地、庭、空き地、道端

長さ15～40cm

花は黄色で径約5～7mm

熟すと蓋が開く果実

葉は多肉質

茎は赤紫色を帯びる

花は朝のうちしか開かないことが多い

📷 **観察ポイント**

ヨーロッパではパースレインの名でハーブや野菜として販売。日本でも東北地方や沖縄では野菜として食されている。Ω3脂肪酸が豊富。

真夏の暑さをものともせず、畑地や道端に多肉質の茎葉を地を這って広げ、小さな黄色い花を咲かせる。名前の由来は、茹でるとぬめりがでて滑るところからといわれる。

アオツヅラフジ【青葛藤】

別名 カミエビ
学名 *Cocculus trilobus*

ツヅラフジ科

つる性

果実は濃青紫色に熟す

花は黄白色で直径4〜5mm

葉はハート形に近いが変化が多い

📷 観察ポイント

果実を潰すと種子1個の形が、アンモナイトの化石やカタツムリの殻に似るため英名ではSnailseedと呼ばれる。有毒。

雌雄異株でこれは雌株

花期 7〜8月
生活 木本
分布 北海道〜沖縄
生育 林縁、草原、垣根、フェンス

野山の草木から、都市部の垣根やフェンスにまで絡まってふつうに見られる。雌雄異株で花は雌花、雄花とも目立たないが、秋に小さなブドウの房のような濃青紫色の果実をつける。

133

ハマウツボ科

セイヨウヒキヨモギ【西洋引蓬】

別名 ゴマクサモドキ
学名 *Bellardia viscosa*

花期 5～6月
生活 一年草
分布 ヨーロッパ原産
生育 草原、道端、土手

1973年に千葉県で確認され、今では主に関東地方以西に帰化している。以前はゴマノハグサ科に属していたが、現在のAPG分類体系ではナンバンギセル（郊外編P.210）やヤセウツボ（郊外編P.138）と同じハマウツボ科に分類されている。

高さ20～40㎝

花は唇形で黄色

葉は不規則に互生する

茎には白い毛と腺毛が密生する

日当たりの良い草地に群生する

📷 観察ポイント

自らも光合成しながらヨモギなどほかの植物に寄生する半寄生植物で、全体に腺毛がありべたつく。

134

ヘビイチゴ【蛇苺】

学名 *Potentilla hebiichigo*

- 花期 4～6月
- 生活 多年草
- 分布 日本全土
- 生育 田畑周辺、草地、湿った空き地

バラ科

花は径約1.5cm

茎はほふく性で地を這い、節から根を下ろしながら広がり群生する。名前の由来は、食用にはならず蛇が食べるイチゴ（実際には蛇はイチゴを食べない）とか、ヘビがいそうな場所に生えるからなど諸説ある。

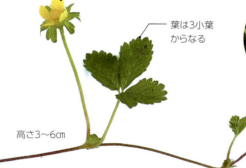

葉は3小葉からなる

果実（花托）は赤くなる

高さ3～6cm

茎は地を這う

匍匐する茎から花茎を出し、花を上向きに咲かせる

📷 観察ポイント

黄色い花の時期も、赤い果実（正確には肥大した花托）の時期も、色鮮やかでよく目立つ。果実は無毒だが、美味しくない。

ベンケイソウ科

コモチマンネングサ【子持ち万年草】

学名 *Sedum bulbiferum*
花期 5〜6月
生活 越年草
分布 本州〜沖縄
生育 田の畦、道端、草地

長さ8〜20㎝

花は直径6〜7㎜の5弁花

葉のつけ根に数枚の小さな葉からなる、芽のようなムカゴをつける

多肉質だがやや湿ったところを好むようで、田の畦などにも多い。葉はややまばらに互生し、茎の下部は赤みを帯びる傾向がある。ほかのマンネングサの仲間と比べると間延びした感じがある。

📷 観察ポイント

花の雄しべには花粉ができず、結実しない。その代わりに、茎の途中にムカゴをつけ、これが落ちて新しい株ができる。

他のマンネングサの仲間ほど密生しない

メキシコマンネングサ

【メキシコ万年草】

ベンケイソウ科

学名 *Sedum mexicanum*
花期 4～5月
生活 多年草
分布 メキシコ原産
生育 道端、空き地

葉は多肉質の線形で長さ1～2㎝、茎の下部では3～5枚が輪生するが茎の上部は顕著でない。原産地はメキシコではないとする説もあるが、確かなことは不明。

花は直径約8㎜

高さ10～30㎝

葉は3～5枚が輪生する

道端などの舗装の割れ目やすき間にも生える強さをもつ

137

ベンケイソウ科

メノマンネングサ【雌の万年草】

学名 *Sedum japonicum*

花期 5〜6月
生活 多年草
分布 北海道〜沖縄
生育 石垣、岩場、道端

葉は長さ6〜9mmの多肉質

花は黄色い星状で長い雄しべが目立つ

茎は赤みを帯びることがある

高さ3〜12cm

石垣と苔に根を下ろし花を咲かせる

人家付近の石垣や舗装路のすき間などでよく見かける。形態はメキシコマンネングサとタイトゴメの中間的な感じで、茎はよく赤みを帯びることがあり、冬には紅葉することもある。

ツルマンネングサ【蔓万年草】

学名 *Sedum sarmentosum*

ベンケイソウ科

高さ10〜25㎝

花は直径約1㎝

茎はつる性で地を這って長く伸びる

葉は3枚が輪生する

花期 6〜7月
生活 多年草
分布 朝鮮半島、中国東北部原産
生育 道端、空き地、石垣

📷 観察ポイント

マンネングサの仲間としては、比較的に幅広い葉（3〜6㎜）を3枚輪生するのが特徴。この点で他種と簡単に区別がつく。

コンクリートの少しのすき間にも根を下ろして広がる

古く日本に帰化したといわれ、暑さ寒さにも強く、今では各地の道端などでふつうに見られる。その名の通りつる性なので、ほかのマンネングサの仲間以上に横へ広がり、群生する力は強い。

139

マメ科

ウマゴヤシ【馬肥やし】

学名 *Medicago polymorpha*

花期 3〜6月
生活 一年草または越年草
分布 ヨーロッパ原産
生育 海岸沿い、道端、空き地

江戸時代に渡来して全国に広がった帰化植物。優秀な牧草で馬を肥やすところから名がついた。茎は分枝しながら、地を這って広がり群生する。

花は葉腋に4〜8個つき、直径、長さとも約3mm

基部の托葉が櫛状に切れ込む

茎はほぼ無毛

果実は螺旋状でふちに鉤のある刺がある

北上や海岸沿いの空き地などでよく見かける

高さ10〜60cm

コメツブウマゴヤシ【米粒馬肥やし】

マメ科

- 学名 *Medicago lupulina*
- 花期 5〜7月
- 生活 一年草または越年草
- 分布 ヨーロッパ原産
- 生育 道端、空き地、海岸、牧草地
  高さ10〜60cm

果実の周りに花弁は残らず、表面に腺毛が多い

📷 観察ポイント

コメツブツメクサ(P.143)とよく似る。明確な違いは果実で、本種は花弁が枯れ落ち果実の粒々が露出する。

葉は3小葉からなる

茎は地を這う

小さな黄色い花が20〜30個集まって咲く

江戸時代に渡来したといわれ、現在では各地で見られる。葉腋から伸びた花茎に20〜30個の小さな黄色の蝶形花をつける。花後にできる細かい果実を米粒に見立ててこの名がついた。

ウマゴヤシともよく似るが、果実を見るのが識別の早道

141

マメ科

クスダマツメクサ【薬玉詰草】

学名 *Trifolium campestre*

花期 5〜7月
生活 一年草
分布 西アジア〜北アフリカ原産
生育 道端、草地、空き地

花は長さ約5mmの蝶形花

葉は3小葉からなり、小葉は上部のみ鋸歯がある

茎は緑色〜紫褐色

高さ15〜40cm

果実の時期にも枯れた花が残る

📷 観察ポイント

20〜50個もの花からなる花穂がくす玉のように豪華なのでこの名がついた。よく似るコメツブツメクサ（P.143）は、花数が少なく（5〜20個）、米粒程度ということなのだろう。

1943年に横浜市で見つかった帰化植物で、現在では各地の道端などで群生が見られる。黄色い花のツメクサやウマゴヤシ（P.140）の中では、もっとも花穂が大きく花数も多い。

コメツブツメクサ【米粒詰草】

マメ科

- **別名** コゴメツメクサ、キバナツメクサ
- **学名** *Trifolium dubium*
- **花期** 5～7月
- **生活** 一年草
- **分布** ヨーロッパ～西アジア原産
- **生育** 道端、草地、空き地

高さ10～30cm

花は長さ3～4mmの蝶形花

果実の時期にも枯れた花が残る

1936年に東京都で確認された帰化植物。現在は北海道～九州の道端や芝生などで、低く広く群生している。花の数が少ないため花穂があまり長くならず、小さな球形をしている。

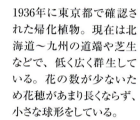

葉柄の基部には托葉がある

葉は3小葉からなり小葉は上部のみ鋸歯がある

花穂は小さく、まばらな印象

143

アオイ科

キクノハアオイ【菊の葉葵】

- 学名 *Modiola caroliniana*
- 花期 5～6月
- 生活 一年草
- 分布 熱帯アメリカ原産
- 生育 道端、空き地

高さ30〜70cm

花は橙色で径約1cm

葉は卵円形で掌状に切れ込む

葉は卵円形で掌状に切れ込む

果実は20個ほどの分果からなる

市街地の車道や歩道わきでよく見かける

1913年に横浜で確認されて以来、現在では主に関東地方以西の道端や空き地で見られる帰化植物。匍匐して広がり、初夏に咲く1cmほどの橙色の花は小さいがよく目立つ。

144

ヒメヒオウギズイセン【姫檜扇水仙】

- 別名 モントブレチア
- 学名 *Crocosmia ×crocosmiiflora*

高さ40〜120cm

- 花期 6〜7月
- 生活 多年草
- 分布 南アフリカ原産
- 生育 人家付近、道端

アヤメ科

花は鮮やかな濃い橙色

地下の球茎でふえ、群生することが多い

（写真：山田隆彦）

果実は凸凹した三角形

葉は先の尖った剣のような形

ヒオウギズイセンとヒメトウショウブの交配種で園芸植物として入ってきたが、ほとんどの環境に適応できる強さから各地で野生化している。旧学名はモントブレチア。

145

キク科

ベニバナボロギク【紅花襤褸菊】

学名 *Crassocephalum crepidioides*
花期 8〜10月
生活 一年草
分布 アフリカ原産
生育 林縁、山林の崩壊地、荒れ地

高さ50〜100cm

草丈は大きいが全体に柔らかい感じ

長楕円形の葉が互生する

先の赤い筒状花が下向きに咲く

花に花弁はないので蕾のよう

痩果には白くて柔らかな冠毛がある

野菜として食べる国もあり、実際春菊に似た香りがする

アフリカ原産で日本には戦後入ってきた比較的新しい帰化植物で、伐採地や崩壊地などにいち早く生えてくるパイオニア植物のひとつでもある。全体に瑞々しく柔らかい。

ナガミヒナゲシ【長実雛罌粟】

ケシ科

別名 ナガヒナゲシ
学名 *Papaver dubium*

花期 3〜5月
生活 越年草
分布 ヨーロッパ原産
生育 道端、空き地、草地

1961年に東京で確認されたというが、今世紀に入るあたりから急激に増えた感じがある。花色はヒナゲシよりも少し淡く、サーモンピンクに近い色。

花はサーモンピンクで径2〜6cm

📷 観察ポイント

細長い果実が名の由来。果実は熟して緑色から灰褐色になってくると上部にすき間ができ、そこから大量の種子を散らす。

果実は細長く熟すと上部のハッチが開く

花茎は長い

葉は羽状に裂ける

高さ10〜50cm

花色など個体差があり2亜種に分ける説もある

147

ススキノ科

ヤブカンゾウ【藪萱草】

別名 オニカンゾウ
学名 *Hemerocallis fulva* var. *kwanso*

花期 7〜8月
生活 多年草
分布 北海道〜九州
生育 畦道、土手、河原

真夏の暑い盛りに田の畦や土手などで、長く丈夫な茎を立たせて橙赤色の八重の花をさかせる。有史以前に中国から帰化したとされる史前帰化植物。

花は八重咲き

花茎は上部で2つに分かれる

葉は長さ40〜60㎝

仲間! ノカンゾウ
本州〜沖縄のやや湿った草地に生え、ヤブカンゾウを一重咲きにした感じの在来種でハマカンゾウに似るが冬に葉は枯れる。

📷 観察ポイント

花は雄しべと雌しべが弁化したものだが、変化していないしべも混ざる。春先の若芽は山菜として人気がある。

高さ80〜100㎝

ヒガンバナ【彼岸花】

学名 *Lycoris radiata*

毎年ちょうど秋の彼岸のころに、畔道や土手を赤く染める。花期は地上に葉はなく、花茎の先に5〜7個の花があるのみ。葉は花後、秋も深まったころ生えてくる。

花期 9月
生活 多年草
分布 北海道〜沖縄
生育 田の畦、土手、氾濫原

ヒガンバナ科

真っ赤な花には爽やか初秋の空がよく似合う

花被片は6枚で反り返る

果実は日本のものはふつう育たない

葉は晩秋〜早春に茂る

📷 観察ポイント

晩秋に芽を出した葉は、ほかの草が枯れてしまう冬のあいだに茂り、冬の陽ざしを独り占めする。やがて、ほかの草が芽を出す春になると、黄色く枯れはじめる。

高さ30〜50cm

アオイ科

タチアオイ【立葵】

学名 *Alcea rosea*

📷 **観察ポイント**

ゼニアオイなどより全体に大きく、花が茎の上部に総状につく感じ。

開花期は茎上部が花で埋め尽くされ、農家の庭先や道端で毎年よく見かける

高さ150～200㎝

花径8～15㎝で花色は多彩

果実は直径2～3㎝で中には多数の分果がある

茎は硬く直立する

葉はざらついた質感で10～20㎝ほど

花期 6～8月
生活 多年草
分布 西アジア原産
生育 道端、人家付近の空き地

ヨーロッパや中国では古くから薬用や観賞用として利用され日本にも古く渡来し一部帰化している。ホリーホックの名でも知られ、八重咲きなど多くの園芸品種がある。

ゼニアオイ【銭葵】

学名 *Malva mauritiana*

- 花期 5～7月
- 生活 多年草
- 分布 ヨーロッパ原産
- 生育 道端、人家周辺

アオイ科

花は葉腋につき
直径4～5cm

高さ60～100cm

果実は分果で苞に囲まれている

葉は丸くて柄は長い

庭先や公園から逸出して道路脇や空き地などで花を咲かせている。ウスベニアオイと近縁でよく似ているが、本種の方が花色のコントラストが強い。

仲間!

ウスベニアオイ

コモンマロウの名で知られるハーブで、青紫色のハーブティーはレモンを加えるとピンク色に変わる。ゼニアオイと比べて花はやや淡色で、葉は柔らかくて大きい。

151

アカネ科

ハナヤエムグラ【花八重律】

- 別名 アカバナヤエムグラ
- 学名 *Sherardia arvensis*
- 花期 5〜9月
- 生活 一年草
- 分布 ヨーロッパ原産
- 生育 道端、草地

街中の芝生や道端、荒れ地などに生える小さな草で、ヨーロッパ原産の帰化植物。ヤエムグラ（P.228）の近縁だが属は異なる。花がやや大きく淡紫色をしていて、目立つのが名の由来だと思われる。

花は淡紅紫色

葉は4〜6枚が輪生する

茎には細かな下向きの刺がある

高さ30〜60cm

公園や道端で花が咲いて、初めて存在に気づく

152

アカバナユウゲショウ【赤花夕化粧】

- 別名 ユウゲショウ
- 学名 *Oenothera rosea*
- 花期 5〜6月
- 生活 多年草
- 分布 南アメリカ原産
- 生育 荒れ地、草原、道端

アカバナ科

花弁に濃紅紫色の筋がある

熟果は雨に濡れると裂開し種子を飛散させる

高さ20〜50㎝

葉は長さ3〜5㎝で縁が波打つ

道端や荒れ地に群生していることが多い

夕化粧の名がつくわりには、昼間もふつうに咲いている。熟果は雨天に裂開し、こんなとき群生地に踏み込むと、靴やズボンのすそは種子まみれになる。

アカバナ科

ヒルザキツキミソウ【昼咲月見草】

学名 *Oenothera speciosa*

- 花期 5〜10月
- 生活 多年草
- 分布 北アメリカ原産
- 生育 人家付近、荒れ地、道端

高さ20〜40cm

花粉は糸をひいて虫に付着する

葉の形は変化に富んでいる

薄く繊細な花弁はほんのり赤みが差し美しい

その名のとおり、日中に淡紅色の花を咲かせる。ほかのマツヨイグサの仲間同様、訪れた昆虫が雄しべに触れると粘り気のある花粉がまとわりつき、次の花へ運ばれる。

ショカツサイ【諸葛菜】

アブラナ科

- 別名 ムラサキハナナ、オオアラセイトウ
- 学名 *Orychophragmus violaceus*

- 花期 4～6月
- 生活 越年草
- 分布 中国原産
- 生育 人家付近、道端

花は紫色や白色で径20～30mm

スジグロシロチョウの幼虫の食草でもある

茎は無毛でやや紫褐色を帯びることが多い

下部の葉ほど深裂する

高さ30～80cm

三国時代の軍師・諸葛孔明が栽培を奨励したという言い伝えからこの名がある。食用になり、種子からは油を抽出できるという。江戸時代に渡来し、帰化している。

アヤメ科

ニワゼキショウ【庭石菖】

学名 *Sisyrinchium rosulatum*

- **花期** 5〜6月
- **生活** 多年草
- **分布** 北アメリカ原産
- **生育** 庭先、芝生、草地

明治時代に渡来し各地に帰化している。庭に生え、葉がセキショウに似ていることが名の由来。白花が咲く株と赤花（赤紫色）が咲く株があり混生していることもある。

白花と赤花がある

高さ10〜18cm

果実は径約3mmの球形

葉は小さいが剣形

これは白花タイプ。裏には紫の筋がある

ニワゼキショウの仲間

オオニワゼキショウ
【大庭石菖】

- 学名 *Sisyrinchium* sp.
- 花期 5〜6月
- 生活 多年草
- 分布 北アメリカ原産
- 生育 草地、道端、芝生

ニワゼキショウと同じような環境に生え、草丈と果実はニワゼキショウより大きいが、花は小さく淡紫色のみ

花は直径約1cm

高さ20〜30cm

ルリニワゼキショウ
【瑠璃庭石菖】

- 別名 アイイロニワゼキショウ
- 学名 *Sisyrinchium angustifolium*
- 花期 5〜6月
- 生活 多年草
- 分布 北アメリカ原産
- 生育 道端、草地

草丈や草姿はオオニワゼキショウに似るが、花びらが瑠璃色で先が尾状に尖った形が特徴的。最近分布を広げつつある

花は直径約1cm

果実は直径約5mm

高さ20〜50cm

157

ハマミズナ科

ハナツルクサ【花蔓草】

- 別名 アプテニア、ハナツルソウ
- 学名 *Aptenia cordifolia*
- 花期 5〜6月
- 生活 多年草
- 分布 南アフリカ原産
- 生育 人家付近、石垣

花の直径は約1.5cm

高さ5〜15cm

葉は多肉質

茎は地を這って伸びる

📷 観察ポイント

花はマツバギクを小さくした感じで、生える場所も似たような環境を好む。

南アフリカ原産の半耐寒性多肉植物で、霜の降りない海岸沿いの道端や人家付近に帰化している。夏から秋にかけて直径約1.5cmの赤い花を咲かせる。

霜が降りなければ常緑の多年草なので、南関東以南の海岸付近などに多い

オオバコ【大葉子】

学名 *Plantago asiatica* var. *asiatica*

- **花期** 4～9月
- **生活** 多年草
- **分布** 北海道～沖縄
- **生育** 道端、空き地、荒れ地

オオバコ科

花穂の下から咲いていく

高さ10～30cm

葉は根元から出る

葉は、根元からロゼット状に広がるだけで、花茎にはつかない

📷 観察ポイント

種子は、濡れるとゼリー状の粘液をまとい、靴やタイヤに付着して運ばれる。

未舗装の駐車場や農道の轍付近など、人や車に踏まれる環境を好む丈夫な草で、中国でも車前草と呼ばれる。花は雌花～雄花の順に下から咲き上がる。

オシロイバナ科

オシロイバナ【白粉花】

`学名` *Mirabilis jalapa*
`花期` 7〜9月　`生育` 道端、荒れ地
`生活` 多年草
`分布` 熱帯アメリカ原産

果実を割ると種子の中に粉状の胚乳がある

花弁のように見えるのは筒状の萼

高さ80〜120cm

葉はハート形に近い三角形

花が萎む翌日の昼までに受粉できなくても、確実に実を結ぶよう雄しべと雌しべを一緒に巻き込むように萎れる

熱帯アメリカ原産で暑さに強いが、夏の日中の陽射しを避けるように、夕方に花を開きはじめる。果実の中の胚の白い粉をおしろいに見立てたのが名の由来。

160

イモカタバミ【芋傍食】

学名 *Oxalis articulata*

カタバミ科

花期 4〜10月
生活 多年草
分布 南アメリカ原産
生育 人家付近、道端、荒れ地

南アメリカ原産で園芸植物として入ったものが野生化している。地下に芋状の塊茎があり、それが増えて群生することが多い。花数も多いので花期は見事。

地下の塊茎から多数の葉や花茎を立ち上げ密に群れる

花は紅紫色で中心が濃紅紫色

ハート形の3小葉からなる

高さ10〜30㎝

📷 観察ポイント

花の中心部がより濃い紅紫色で雄しべの葯は黄色。よく似たムラサキカタバミ（P.164）は、花の中心部が淡い緑色で雄しべの葯は白い。

名の由来の芋状の塊茎

カタバミ科

ハナカタバミ【花傍食】

学名 *Oxalis bowiei*

- **花期** 4〜10月
- **生活** 多年草
- **分布** 南アフリカ原産
- **生育** 人家付近、道端、荒れ地

高さ15〜30cm

葉は明るい緑色

花は淡紅紫色で中心部は淡緑色

葉も花も大きいが、全体に柔らかい感触

花も葉も鮮やかでカタバミの中でも明るい雰囲気をもつ

江戸時代の末期ごろ渡来した帰化植物で、暖地の人家付近や道端に野生化している。花も葉も比較的大型で淡色。葉柄の繊維を絡めて草相撲ができる。

ベニカタバミ【紅傍食】

- **別名** ブラジルカタバミ
- **学名** *Oxalis braziliensis*

- 花期 8〜10月
- 生活 多年草
- 分布 南アメリカ原産
- 生育 人家付近、道端、荒れ地

南アメリカ原産の帰化植物。赤紫色の花は中心が色濃く、雄しべは10本で葯が黄色と、イモカタバミ（P.161）に似るが、葉は毛が多くて葉柄が短く低く広がる点が異なる。

カタバミ科

花びらの幅は広く、花の中心は色が濃い

花の直径は約2.5cm

葉は毛が多く葉柄は短い

観察ポイント

白い芋状の塊茎をもち、さらに地下を伸びる根茎の先に小さな芋状の鱗茎をつけて増える。

高さ5〜15cm

カタバミ科

ムラサキカタバミ【紫傍食】

学名 *Oxalis debilis* subsp. *corymbosa*

花期 4〜6月
生活 多年草
分布 南アメリカ原産
生育 人家付近、道端、荒れ地

江戸時代の末期に渡来した南アメリカ原産の帰化植物。同時期に南アフリカから渡来したハナカタバミ（P.162）と共に、人家付近などで野生化している。

高さ15〜30cm

花の中心は明るい緑色で雄しべの葯が白い

📷 観察ポイント

イモカタバミより花色はやや淡く、夏期は休眠することが多い。

イモカタバミ（P.161）ほどは群生せず、夏期は休眠することが多い

花茎は葉柄よりやや長い

葉柄は細く長さは花柄の約3分の2

ホタルブクロ【蛍袋】

学名 *Campanula punctata* var. *punctata*
花期 6〜7月
生活 多年草
分布 北海道〜九州
生育 道端、林縁、草地

キキョウ科

高さ40〜80cm

花は釣鐘状

萼片の間に反り返る付属体がある

道端や木陰の斜面などで初夏に、釣鐘状の花を下向きに咲かせる。花色は白色から紅紫色まで変化に富む。子供が花にホタルを入れたのが名の由来。

茎には粗い毛がある

葉は互生し、長さ5〜8cm

花色は白色〜紅紫色まで変化に富んでいる

キク科

アメリカオニアザミ【亜米利加鬼薊】

- 学名 *Cirsium vulgare*
- 花期 5〜7月
- 生活 一年草または越年草
- 分布 ヨーロッパ原産
- 生育 道端、畑地、牧草地、荒れ地

花の直径は4〜6cm

高さ0.8〜1.5m

まるい蕾は鋭い刺の総苞片に覆われる

茎には刺のある翼がある

瘦果は羽状に分枝した大きな冠毛があり飛散

葉の刺も非常に長く鋭い

日本へは1960年ごろ穀物などに混入して北米から入って来たと考えられるためアメリカとついているが、ヨーロッパ原産の帰化植物。全体に鋭い刺があり、手で掴めない。

ツルボ【蔓穂】

別名 サンダイガサ
学名 *Barnardia japonica* var. *japonica*
花期 8～9月
生活 多年草
分布 日本全土
生育 草地、道端、土田畑の周辺

夏から秋に季節が移るころ、まず1～3枚の葉を出し、すぐに花茎を伸ばす。その先端付近に小さな淡紫色の花が穂状につく。花は上へ伸びていく穂の下から順に咲き上がる。

キジカクシ科

花は穂状につく

高さ15～40cm

花が目立つが根元には1～3枚の葉がある

花期の葉は1～3枚

茎は直立する

📷 観察ポイント

同時期に咲くヒガンバナ（P.149）は花期に葉はなく、晩秋から冬に葉を出す。ツルボは、花期に少々、春にたくさんと、2回に分けて葉を出す。

果実は3稜の倒卵形

キツネノマゴ科

キツネノマゴ【狐の孫】

学名 *Justicia procumbens* var. *procumbens*
花期 8〜10月
生活 一年草
分布 本州〜九州
生育 道端、田畑の周辺、草地

花は唇形で幅は約5mm

初秋に次々と淡紅紫色の花を咲かせる

高さ10〜40cm

葉は長さ2〜5cmで対生

全体に細かい毛が多い小さな草で、やや湿った環境を好む。名前の由来は、毛の多い花穂が狐の尻尾のようだから、花が子狐の顔に似ているからなど、諸説ある。沖縄には葉が小さいキツネノヒマゴと呼ばれる変種もある。

📷 観察ポイント

夏の終わりごろから秋にかけて、淡紅紫色の小さな花を次々と咲かせる。唇形の花は、下唇に紅紫色の模様が入りなかなか可憐だ。

ガガイモ【蘿藦】

学名 *Metaplexis japonica*

キョウチクトウ科

花は淡紅紫色で径約1㎝

つる性

茎や葉を切ると白い乳液が出る

果実は紡錘形で長さ8〜10㎝

葉はやや長いハート形で対生する

花期 7〜8月
生活 多年草
分布 北海道〜九州
生育 河原、草地、道端

📷 観察ポイント

茎や葉を切ると白い乳液が出るため、英名では「Japanese Milkweed」と呼ばれる。果実は熟すと割れ、大きな白い綿毛をもつ種子を放出し、風に乗って飛散させる。

つる性の長い茎をほかの植物やフェンスなどに絡みつけて伸びる。葉のつけ根から出る花茎の先に、白い毛の生えた紅紫色の花を多数つける。

ケシ科

ムラサキケマン【紫華鬘】

別名 ヤブケマン
学名 *Corydalis incisa*
花期 4〜6月
生活 越年草
分布 本州（関東地方以西）〜九州
生育 林縁、木陰、林床

花は筒状で細長く
唇弁の先が色濃い

果実は下を向く

葉は羽状に
裂ける

高さ20〜40cm

やや湿った場所を好んで
生育する

距のある細長い花を穂状につける。花色は紫色から白っぽいものまであるが、全体は淡い紫色で先端だけ濃いものが標準的。ウスバシロチョウの幼虫の食草として知られるが、人間には有毒。

170

ホトケノザ【仏の座】

学名 *Lamium amplexicaule*

- **花期** 3〜6月
- **生活** 越年草
- **分布** 本州〜沖縄
- **生育** 畑地、道端、空き地

シソ科

花は長さ約1.5cmの唇形花

高さ10〜30cm

葉は対生する

茎は紫褐色がかることが多い

観察ポイント

春の七草のホトケノザは、本種ではなくコオニタビラコ（郊外編 P.116）。よく見ると先端に貧弱な蕾状で開かない花があることに気づく。閉鎖化といい、開かず自家受粉で結実する。

地に伏すように平たくなって冬を越し、春になるといち早く茎を立てて花をつける。休耕中の畑や果樹園などで一面に開花して紅紫色の絨毯のように群生していることも多い。

春の休耕地や空き地を覆って咲くことも

シソ科

ヒメオドリコソウ【姫踊り子草】

学名 *Lamium purpureum*
花期 3～5月　　**生育** 畑地、道端、空き地
生活 越年草
分布 ヨーロッパ原産

- 上部の葉は赤紫色を帯びる
- 花の基部は葉に隠れる
- 高さ10～25cm
- 茎は下部で分枝して立ち上がる

◯ 観察ポイント

紅紫色を帯びる茎上部の葉が重なり合うように密生するのが特徴。花はそのあいだから顔を出す。

花は小さいが紅紫色の葉が目立つ

春、ナズナ（P.34）やホトケノザ（P.171）などとともに、真っ先に花開く草のひとつ。明治時代の中頃、東京で確認され、今では在来種かのように各地で見られる。オドリコソウ（郊外編P.59）を小さくした感じなので、この名がついた。

172

ヒメマツバボタン【姫松葉牡丹】

別名 ケツメクサ、ケヅメグサ
学名 *Portulaca pilosa*

花期 7〜10月
生活 一年草
分布 熱帯アメリカ原産
生育 道端、空き地

スベリヒユ科

花は直径 5〜10mm

葉は細く多肉質

茎は分枝して地を這う

長さ10〜30㎝

1960年代に帰化が確認され、現在は関東以西に分布。道端や空き地、未舗装の駐車場の片隅などで低く地を這い、茎の先に小さな紅紫色の花をつける。その名のとおり園芸種マツバボタンの花をそのまま小さくした感じ。

多肉質であることもあり、日照りにも強い

173

タデ科

ヒメツルソバ【姫蔓蕎麦】

別名 カンイタドリ
学名 *Persicaria capitata*

花期 ほぼ通年
生活 多年草
分布 中国南部〜ヒマラヤ原産
生育 石垣、道端

明治時代に観賞用に入ったものが野生化し、各地に広がっている。花の最盛期は秋から初冬にかけてだが、金平糖のような小さな花穂は季節を問わず、ほぼ通年見られる。

- 花は金平糖のような形
- 葉には紫褐色の模様が入る
- 茎は紫褐色を帯びる

高さ5〜15cm

暑さにも寒さにも強いため分布を広げている

📷 観察ポイント

道端や川べりの石垣などに垂れ下がるように群生していることが多い。寒くなってくると葉も赤く紅葉するので、晩秋には花と紅葉が同時に見られる。

174

オオイヌタデ【大犬蓼】

学名 *Persicaria lapathifolia* var. *lapathifolia*
花期 6〜11月
生活 一年草
分布 北海道〜九州
生育 道端、荒れ地、河原

タデ科

高さ50〜200㎝

イヌタデ（P.176）に似て、大型なのでこの名があり、大きいものは2m近くにもなる。花穂（果穂）はイヌタデのように赤紫色のものもあるが、ふつう淡紅色〜白色が多い。

花穂は長さ 3〜7㎝

葉は長さ 15〜25㎝、托葉鞘のふちは無毛

節は膨らむ

📷 観察ポイント

タデの種類を見分けるには、茎の節の上を取り巻く托葉鞘も重要。本種は托葉鞘のふちが無毛。

タデ科

イヌタデ【犬蓼】

別名 アカノマンマ
学名 *Persicaria longiseta*

花期 6 〜 10月
生活 一年草
分布 北海道〜沖縄
生育 田畑周辺、道端、草地

畦や土手に群生し、紅紫色の花
穂がよく目立つ背の低いタデの仲
間。子どもたちがままごと遊びで、
花や果実を赤飯に見立てたため、
アカマンマの別名がある。

花穂は長さ
2〜3cm

葉は長さ3〜8cm

節はふくらま
ず、托葉鞘の
ふちに長毛

高さ20 〜 50cm

花穂（果穂）は小さいが
紅紫色が鮮やか

📷 **観察ポイント**

花が終わり果実になっても花被
片が黒い果実を覆うように包み
込んだままなので、いつまでも紅
紫色を保っている。

オオケタデ【大毛蓼】

- **別名** オオベニタデ、ベニバナオオケタデ
- **学名** *Persicaria orientalis*
- **花期** 7〜10月
- **生活** 一年草
- **分布** インド〜中国原産
- **生育** 畑地、河原、荒れ地

タデ科

花穂は長さ5〜8cm

高さ1〜2m

花にはハチやチョウが吸蜜に訪れる

インド〜中国原産で、日本には江戸時代に蛇毒用の薬草として入った。その後も観賞用に栽培されていたが逸出し、野生化したものが河原や荒れ地などで見られる。

葉は長さ10〜25cmで互生する

📷 観察ポイント

イヌタデ（P.176）を5倍ほど大きくしたような形と色。その大きさと、茎や葉に毛があるのが名前の由来。

茎には毛が多い

177

タデ科

ムラサキゴテン【紫御殿】

別名 ムラサキオオツユクサ
学名 *Tradescantia pallida*

花期 7〜10月
生活 多年草
分布 メキシコ原産
生育 人家付近、道端、石垣

茎はよく分枝する

花の直径は約2cm

葉は長楕円形で互生する

高さ40〜60cm

葉の基部は茎を抱く

紫系の花や茎葉はガーデニングのアクセントとしても人気

花色が淡紅紫色である以外はすべて濃い紫色という、メキシコ東部原産の園芸植物。関東地方以西では屋外での越冬も可能なため、海岸沿いや沖縄などで逸出帰化しているようだ。旧属名セトクレアセアや園芸品種名パープルハートの名で呼ばれることもある。

ミチバタナデシコ【道端撫子】

ナデシコ科

学名 *Petrorhagia nanteuilii*

花期 3～6月
生活 越年草
分布 ヨーロッパ原産
生育 道端、中央分離帯、車道の縁

高さ20～40cm

花の直径は約1cm

車道の縁や中央分離帯などで見かける細くて目立たない越年草。春に細い茎の頂に蕾の塊をつき、ピンク色の5弁花が可憐に次々と咲いていく。

葉は線形で対生する

茎は無毛型と有毛型がある

果実は熟すと上部が裂開する

📷 観察ポイント

よく似た仲間にコモチナデシコ、イヌコモチナデシコなどがあり、同定を見極めるには、ルーペで茎の毛の様子や種子の形を確認する必要がある。

車道や歩道の縁に生え、時に群生する

179

ナデシコ科

ムシトリナデシコ【虫取り撫子】

学名 *Silene armeria*
花期 5～7月
生活 一年草または越年草
分布 ヨーロッパ原産
生育 道端、空き地
　　　高さ20～60cm

直径1cmほどの花が集まって咲く

果実は熟すと花のように裂開する

葉は無毛で粉白緑色

茎には粘着部がある

📷 観察ポイント

茎には、対生する葉の少し下に1～1.5cm幅の粘着部があり、下から登ってくる虫をくっつける。食虫植物ではないので養分にはしていないようだ。

江戸時代に観賞用に入ったものが逸出帰化。道端などの日当たりの良い場所に生え、暑さにも乾燥にも強く、群生していることが多い。花色は紅紫色、淡紅色、白色がある。

サボンソウ【さぼん草】

- 別名 ソープワート
- 学名 *Saponaria officinalis*
- 花期 5〜6月
- 生活 多年草
- 分布 ヨーロッパ原産
- 生育 道端、荒れ地、人家付近

全草にサポニンを含むため薬用や石鹸の代用として使われ、ヨーロッパではソープワートの名でハーブとして親しまれている。和名はその名を直訳したものと思われる。

ナデシコ科

淡紅色の5弁花で径2〜2.5cm

📷 観察ポイント

明治時代に薬用、観賞用として入り、それが逸出し帰化。道端や草地でもピンク色の花が目を引く。

高さ30〜60cm

茎は直立する

葉は無柄で対生する

野生化して歩道脇に群生している

ハゼラン【爆蘭】

別名 シュッコンハゼラン
学名 *Talinum paniculatum*

花期 7〜9月
生活 一年草
分布 熱帯アメリカ原産
生育 道端、空き地

道端やブロック塀の下など、狭いスペースにも生え、細かく分かれた花茎の先に小さな紅紫色の花を咲かせる。午後3時に花開くため三時花、三時草とも呼ばれる。

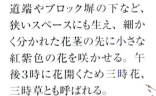
花は径約6mm

果実は球形で径約4mm

📷 観察ポイント

蕾が爆ぜるように開き、蘭のように美しい花（ラン科ではない）が名前の由来。ほかにも果実がまち針に似るのでマチバリソウ、花火に見えるのでハナビグサと呼ばれる。

茎は無毛
葉はやや多肉質
高さ30〜70cm

ノビル【野蒜】

学名 *Allium macrostemon*

- 花期 5〜6月
- 生活 多年草
- 分布 日本全土
- 生育 畦や土手、草地、道端

ヒガンバナ科

花の直径は6〜7mm

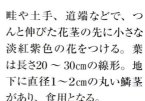

畦や土手、道端などで、つんと伸びた花茎の先に小さな淡紅紫色の花をつける。葉は長さ20〜30cmの線形。地下に直径1〜2cmの丸い鱗茎があり、食用となる。

📷 観察ポイント

花茎の先端に花ではなく、珠芽と呼ばれるむかごがつくことがあり、そのまま発芽していることも多い。これが地上に落ちると、それぞれが株となり成長する。

花茎の先に珠芽ができる

高さ40〜60cm

花茎は直立する

葉は線形

地下の丸い鱗茎は食べられる

いたるところに群生しているのを見かける

ヒルガオ科

ヒルガオ【昼顔】

学名 *Calystegia pubescens*

花期 6〜8月
生活 多年草
分布 北海道〜九州
生育 畑、草原、道端、フェンス、垣根

名前のとおり昼間も咲くが、朝開き夕方に閉じる一日花。畑に生えると厄介な雑草だが、アサガオより昔からある在来種。万葉集にも「かおばな」の名で登場する。

花は直径 4.4〜5.5cm

つる性

葉の基部は後方に張り出しふちは角ばらない

花茎に翼はない

📷 観察ポイント

最近は本種と近縁のコヒルガオ（P.185）の雑種が多く、同定が難しい。葉が張り出していて、花茎の翼がはっきりしない雑種をアイノコヒルガオという。

184

コヒルガオ【小昼顔】

学名 *Calystegia hederacea*
花期 6〜8月　**生活** 多年草
分布 本州〜九州
生育 畑、草原、道端、フェンス、垣根

ヒルガオ科

花茎に縮れた翼がある

花は直径 3.5〜4.5㎝

つる性

葉の基部は大きく横に張り出しふちは角ばる

畑から市街地まで見られ、都会でもフェンスに絡んでいる

どこでもよく見られるため、近縁のヒルガオ（P.184）より生息域は広いのかも知れない。全体にヒルガオより小ぶりで、花はやや淡色の傾向がある。花柄には4稜の縮れた翼があるのも特徴。

185

ヒルガオ科

セイヨウヒルガオ【西洋昼顔】

別名 ヒメヒルガオ
学名 *Convolvulus arvensis*

📷 観察ポイント

花はコヒルガオ（P.185）よりひと回り小ぶり。花色は白に近い淡紅色だが、遠目では白色に見える。

つる性

花期 6～9月
生活 多年草
分布 ヨーロッパ原産
生育 道端、鉄道沿い、果樹園

花は直径約3cm

第二次世界大戦以前に観賞用に導入された。大戦後には、輸入農産物に混入したものが鉄道を通して拡散したようで、鉄道車庫や線路沿いなどに群生地が多い。

葉は幅の広い鉾形

土壌を選ばず乾燥したところにも生える強さをもつ

マルバアサガオ【丸葉朝顔】

学名 *Ipomoea purpurea*

- 花期 8～10月
- 生活 一年草
- 分布 熱帯アメリカ原産
- 生育 道端、畑地、果樹園

1705年頃、観賞用に入ったものが帰化し、今では本州以南でふつうに見られる。ハート形の葉が特徴的で、名前の由来となっている。園芸品種も多く作られている。

花は直径約8cm

葉は長さ6～12cmのハート形

果実は下を向く

つる性

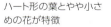

ハート形の葉とやや小さめの花が特徴

 観察ポイント

開花後、結実すると果実は下を向くのも特徴のひとつ。

ヒルガオ科

ヒルガオ科

ホシアサガオ【星朝顔】

学名 *Ipomoea triloba*

花期 8〜10月　　**生育** 畑地、道端、河川敷
生活 一年草
分布 熱帯アメリカ原産

花は直径約1.5cm

📷 **観察ポイント**

花は淡紅色で中心部が濃色、雄しべの葯は白色なのが特徴。

第二次世界大戦以後に帰化したとされ、現在は関東地方以南の道端で、ほかの草やフェンスに絡まっているのを見かける。葉は同じ株でも、ハート形と3裂形の両方を出すことが多い。

つる性

葉はハート形または3裂

マメアサガオと似るが花色が濃いので区別できる

188

アメリカフウロ 【亜米利加風露】

- 学名 *Geranium carolinianum*
- 花期 4～6月
- 生活 越年草
- 分布 北アメリカ原産
- 生育 道端、草地、空き地、土手

高さ10～50cm

フウロソウ科

花は直径約1cm

果実は黒く熟すとやがて弾ける

葉は細かく深く切れ込む

📷 観察ポイント

秋に発芽した苗が地面に低く伏してロゼット状で越冬し、春になると茎を伸ばす越年草。

茎と葉の縁は紫褐色を帯びることが多い

1993年に京都で見つかり、現在は各地でふつうに見られる。ゲンノショウコ（郊外編P.87）に似るが花期が早く、枝分かれして大きな株になることが多い。

189

マメ科

ツルマメ【蔓豆】

学名 *Glycine max* subsp. *soja*

花の直径は4〜6mm

さやには毛があり
ダイズにそっくり

つる性

葉は3小葉
からなる

花期 7〜9月
生活 一年草
分布 日本全土
生育 草原、道端、フェンス

他の草にかぶさるように絡みつく

やや湿った日当たりの良い場所を好む。ダイズの原種といわれ、つる性で全体に小さい以外はダイズとあまり変わらない。花後に実る果実も、まさに枝豆のミニチュア版で味も近い。

📷 観察ポイント

自身の細いつるで縄をなうように絡み合い、一本の太いロープ状になることも。つるの成長時のパワーには、すさまじいものがある。

ヌスビトハギ【盗人萩】

マメ科

学名 *Hylodesmum podocarpum* subsp. *oxyphyllum*

花期 7〜9月
生活 多年草
分布 本州〜九州
生育 林床、林縁

山野の林縁から市街地の公園の木陰まで、どこにでも生える。名前の由来は、衣服に果実がつかないようにすると忍び歩きになるからとか、盗人は草藪をかき分けるのでこの果実がつくからなど、諸説ある。

花の直径は3〜4mm

高さ60〜120cm

果実は真ん中の括れた節果

林縁や林内の道沿いに生えていることが多い

葉は3小葉からなる

📷 観察ポイント

小さな紅紫色の花のあと、丸く2節にくびれた果実（節果）をつける。表面には小突起がありべたつくため、衣服につく。

マメ科

アレチヌスビトハギ【荒地盗人萩】

学名 *Desmodium paniculatum*

花期 7〜9月
生活 一年草
分布 北アメリカ原産
生育 荒れ地、草地、道端

1940年に大阪で見つかった比較的新しい帰化植物で、現在では各地で見られるが、関東地方以西に多い。地下に太く大きな地下茎があるため、地上部を刈られてもまた再生する。

高さ50〜150cm

花は旗弁の基部に黄緑色の斑がある

果実は4節からなることが多い

葉は3小葉からなる

人の背丈近くの大株になることもある

📷 観察ポイント

全体にヌスビトハギ（P.191）より大きく、花の旗弁にある斑が目のようで動物の顔に見える。果実も長い分くびれの数が多く、3〜6節に分かれる節果。熟すと節から切り離されて衣服につく。

クズ【葛】

学名 *Pueraria lobata*

花期 8〜9月
生育 林縁、道端、空き地、荒れ地
生活 多年草
分布 北海道〜九州

マメ科

葉は大きな3小葉からなる

花序は15〜18cm

つる性

茎は長さ約20mにもなる

果実（豆果）は褐色の毛に覆われる

📷 観察ポイント

塊根のでん粉は葛粉に、乾燥させた根はカッコン（葛根）と呼ばれ生薬に使われる。紅紫色の花にはブドウ果汁の炭酸飲料に似た甘い香りがある。

周りをすべて覆いつくす勢いで繁茂する。

地下の肥大した根から丈夫なつる性の茎を伸ばし、夏から秋に長さ約2cmの蝶形花を穂状につける。秋の七草のひとつ。

マメ科

アカツメクサ【赤詰草】

別名 ムラサキツメクサ、レッドクローバー
学名 *Trifolium pratense*
花期 5〜8月　生活 多年草
分布 ヨーロッパ原産
生育 草原、道端、空き地

紅紫色の花が球状に集まってつく

高さ30〜60cm

葉は3小葉からなる

日本には明治時代に牧草として入り帰化。ツメクサとは「詰草」で、昔オランダからガラス製品が入って来た際、割れないように詰められていた草からきているという。

📷 観察ポイント

シロツメクサ（P.90）に似るが、茎は地を這わず立ち上がり、花茎が短いので花のすぐ下に葉が一対つくなどの点が特徴。花は受粉後も下を向くことはない。

葉には白い斑が入ることが多い

カラスノエンドウ【烏野豌豆】

マメ科

別名 ヤハズエンドウ
学名 *Vicia sativa* subsp. *nigra*

花期 3〜6月　**分布** 日本全土
生活 越年草　**生育** 土手、草地、道端

つる性

花は葉腋につき長さ約1.5cmの蝶形花

📷 観察ポイント

小葉の先端が凹み矢筈の形に似るところからヤハズエンドウの別名がある。豆果は熟すとねじれながら裂開し、種子を散らす。

果実は熟すと黒くなる

葉は3〜7対の小葉からなる羽状複葉

仲間!
カスマグサ
カラスノエンドウとスズメノエンドウの中間の大きさなので「カス間草」という、嘘のような名前の草。

秋に種子が発芽したあと小苗で越冬し、暖かくなると真っ先につるを伸ばして花をつける越年草。エンドウを小さくした草姿で、豆果が熟すと黒くなるのをカラスにたとえたのが名の由来。

マメ科

スズメノエンドウ【雀野豌豆】

学名 *Vicia hirsuta*

花期 4〜6月
生活 越年草
分布 本州〜沖縄
生育 草地、土手、道端

小葉は12〜14枚で先端は巻きひげ

花は白紫色で長さ約3mm

つる性

果実は黒く熟し短毛が密生する

花も葉も小さいがよく見ると繊細で美しい

茎は細く、葉や花もみな細いが、よく見ると花は白紫色の蝶形花で葉の先端には巻きひげもある。果実はさやの表面に細かい毛の生えた5〜8mmほどの豆果で、中には2個の種子がある。

ナヨクサフジ【弱草藤】

マメ科

学名 *Vicia villosa* subsp. *varia*
花期 5〜8月
生活 一年草
分布 ヨーロッパ原産
生育 道端、草地、土手

📷 観察ポイント

名前の由来は全体に細く、なよなよしているからと思われるが、実際は細くても強健で繁殖力も強い。市街地周辺では、在来種のクサフジ（郊外編P.256）よりも優勢の感じがする。

家畜の飼料や緑肥として栽培されたものが逸出帰化。本州〜沖縄の街中から郊外まで草地や道端で見られる。蝶形花の翼弁が淡色の個体が多く、中にはほとんど白いものもある。

小葉は7〜10対くらい

萼筒の下側に花柄がつく

花の先端部分（舟弁）が白いものが多い

つる性

197

ムラサキ科

ヒレハリソウ【鰭玻璃草】

別名 コンフリー
学名 *Symphytum officinale*

花期 5～7月
生活 多年草
分布 ヨーロッパ原産
生育 草原、道端、土手

サソリ型花序に釣鐘状の花をつける

ヨーロッパ原産の薬草で日本ではコンフリーの名で健康野菜として流行ったが、毒性があるとして利用されなくなり、一部が野生化している帰化植物。

高さ50～120cm

葉の基部には翼があり、葉柄部から茎まで流れている

全体に毛が多くざらざらした感触

198

ネジバナ【捩花】

別名 モジズリ
学名 *Spiranthes sinensis* var. *amoena*

花期 5〜8月
生活 多年草
分布 北海道〜九州
生育 草地、芝生、道端

ラン科

淡紅色の小さなランの花が花茎に螺旋状につくのが特徴で、名前の由来にもなっている。背の低い湿った草地を好み、芝生にもよく生える。細長い葉は根元を中心に花茎を包むようにつく。

小さな花が螺旋状につく

📷 観察ポイント

小さな花だが、よく見るとしっかりとランの花の形をしている。またひとつひとつの花が花茎の裏側を振り向くように、ねじれて咲いていることがわかる。

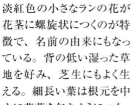
高さ15〜40㎝

花の巻く向きは、右巻き左巻き両方ある

葉は幅5〜10㎜、長さ3〜10㎝

アオイ科

ナガエアオイ【長柄葵】

学名 *Malva pusilla*

白～淡紫色で直径1～1.5cm

果実には菊の紋章のようなすじがある

高さ3～20cm

地を這い先端が斜上することが多い

茎は地を這い先端はよく斜上する

花期 5～10月
生活 越年草
分布 ヨーロッパ原産
生育 道端、畑周辺、牧草地

ヨーロッパ原産の帰化植物で、花もゼニアオイ（P.151）などよりずっと小さく地味だがよく見るととても美しい。茎は立ち上がらず地を這って伸びるのでこの名がある。

ツタバウンラン【蔦葉海蘭】

オオバコ科

- 別名 ツタガラクサ、ウンランカズラ
- 学名 *Cymbalaria muralis*
- 花期 5〜11月　生活 多年草
- 分布 ヨーロッパ〜西アジア原産
- 生育 石垣、道端

つる性

葉腋から分枝する

葉は長さ1〜1.5cm、5〜9裂する

花は約8mmの唇形花

石垣のすきまから垂れ下がって群生していることも多い

📷 観察ポイント

観賞用として輸入されただけあり、葉はかわいいし、花も小さいがきれいだ。

ほふく性で地を這うように伸びながら節から根（不定根）を下ろす。唇形の花は、淡青紫色で紫色のすじと黄色の斑があり、後方に3〜4mmの距が突き出る。

201

オオバコ科

マツバウンラン【松葉海蘭】

学名 *Nuttallanthus canadensis*

- 花期 4〜6月
- 生活 一年草または越年草
- 分布 北アメリカ原産
- 生育 道端、空き地、荒れ地

北アメリカ原産で、1941年に京都で確認され、現在は各地に広がっている帰化植物。細長い花茎の先端付近に直径1cmほどの紫色の花をまばらにつける。

花は紫色で距がある

高さ20〜60cm

葉腋から分枝する

紫色の花が細い茎の先で風に揺れる様は爽やかで美しい

ロゼット状のやや多肉質の葉で越冬する

📷 観察ポイント

紫色の花には距があり、近縁の園芸種リナリアそっくり。葉は立った茎につくものは線形で互生だが、幼苗やランナーの葉は披針形で3〜4枚が輪生し、別の植物のよう。

タチイヌノフグリ【立犬の陰嚢】

オオバコ科

- 学名 *Veronica arvensis*
- 花期 4〜6月
- 生活 越年草
- 分布 ユーラシア、アフリカ原産
- 生育 道端、土手、畔道

高さ5〜25cm

明治時代の初期に渡来したといわれる帰化植物。茎が直立するのが名の由来で、ほかの草と混生しながら、小さく群生していることが多い。

花の直径は3〜4mm

茎は直立する

下部の葉は幅広くて対生するが、上部の葉は細くて互生する

📷 観察ポイント

花は小さいうえ、よく晴れた日の午前中に数時間しか開かない場合が多い。目につきにくいが、よく見るととても端正な花だ。

あまり分枝することもなく直立する

オオバコ科

オオイヌノフグリ【大犬の陰嚢】

- 学名 *Veronica persica*
- 花期 2〜5月
- 生活 越年草
- 分布 ヨーロッパ原産
- 生育 畑地、道端

ヨーロッパ原産で18世紀末に渡来したとされる帰化植物。果実の形が犬の陰嚢に似ていることでついた在来種イヌノフグリよりも大型だったことからその名がついた。

花の直径は約8mm

葉は茎の下部で対生、上部で互生

📷 観察ポイント

早春の陽だまりで、ナズナ（P.34）などと共に真っ先に花開く。

高さ5〜30cm

茎は横に広がるほふく性

そっくり!

フラサバソウ

外来の近緑種で、フランスの植物学者フランシェとサバティエの名前を合わせ名がついた。毛が多いのが特徴。

204

キキョウソウ【桔梗草】

- 別名 ダンダンギキョウ
- 学名 *Triodanis perfoliata*
- 花期 5〜7月
- 生活 一年草
- 分布 北アメリカ原産
- 生育 道端、荒れ地、芝生

高さ20〜60cm

段々に咲くのでダンダンギキョウとも呼ばれる

花は茎に段々につく

1940年代に東京で帰化が確認されたが、現在は東北南部以南でふつうに見られるようになった。花粉を媒介する昆虫がいなくても、花を咲かせなくても（閉鎖花）結実する。

茎はほとんど分岐せず直立する

葉は丸いハート形で互生し茎を抱く

📷 観察ポイント

茎の下部には閉鎖花で結実した果実が多いが、開花して結実した果実より萼の部分が小さい傾向がある。

果実は熟すと横に窓が開き種子をばら撒く

205

キキョウ科

ヒナキキョウソウ【雛桔梗草】

別名 ヒメダンダンギキョウ
学名 *Triodanis biflora*
花期 5〜7月
生活 一年草
分布 北アメリカ原産
生育 道端、荒れ地

1931年に横浜市で見つかって以来、関東地方以南の道端や植え込みの脇などでよく見られる。葉は細身で特に上部の葉は葉先が尖っているのが特徴。

花は茎の先端に咲く

葉柄はないが茎を抱くことはない

茎は頂部に花を咲かせながら成長する

果実は熟すと上部に穴が開き種子をばら撒く

茎はほとんど分岐せず直立する

📷 観察ポイント

茎の頂部に径約1cmの紫色の花をつける。花は5深裂が基本だが変化が多い。茎の下部には閉鎖花による果実が多い。

高さ20〜50cm

206

ヒナギキョウ【雛桔梗】

キキョウ科

学名 *Wahlenbergia marginata*
- **花期** 5〜8月
- **生活** 多年草
- **分布** 本州（関東地方以西）〜沖縄
- **生育** 草地、道端、林床

明るい草地や植え込みの周辺、道端などに生え、細い茎の先端に5〜6mmの淡紫色の花を上を向いて咲かせる。

花は茎の先端に1個ずつつく

高さ15〜30cm

果実は熟すと上部が開く

葉は幅3〜7mm、長さ4〜8cm

細い茎に花ひとつ。在来種は控えめだ

📷 観察ポイント

キキョウソウ（P.205）は花を茎に段々につけ、ヒナキキョウソウ（P.206）は先端に1個花を咲かせるが茎にはたくさんつき、ヒナギキョウは細い茎の先端に1個だけ花をつける。

キク科

シオン【紫苑】

別名 ニワシオン
学名 *Aster tataricus*
花期 8〜10月
生活 多年草
分布 本州（中国地方）、九州
生育 草地

野生のものは、中国地方と九州の山地の湿った草原にわずかに見られる。植栽を含め、ほかで見られるものは、中国や朝鮮から持ち込まれたものと思われる。中国では昔から生薬に利用される。

花は淡紫色で径3〜3.5cm

高さ1〜2m

茎は直立する

葉は毛が多くざらつく

人の背丈より高くなり、茎や葉はざらつく

📷 観察ポイント

野生のものは草地の遷移や開発により数が減っていて絶滅危惧Ⅱ類（VU）に指定されている。これとは別に各地で観賞用に栽培され、一部逸出も見られる。

バラモンジン【婆羅門参】

キク科

- 別名 ムギナデシコ、セイヨウゴボウ
- 学名 *Tragopogon porrifolius*
- 花期 5〜7月
- 生活 二年草または多年草
- 分布 ヨーロッパ原産
- 生育 道端、草地、荒れ地

江戸時代末期に渡来し、観賞用などに栽培されたものが逸出し帰化している。ナデシコのような葉やゴボウのような根をもつため、ムギナデシコやセイヨウゴボウの別名がある。

花は紫色で径約5㎝

茎は直立し中空

葉は互生し長さ10〜30㎝

高さ40〜100㎝

バラモンギクやフトエバラモンギクは花が黄色いので区別できる

キジカクシ科

ヤブラン【藪蘭】

- 学名 *Liriope muscari*
- 花期 8〜10月
- 生活 多年草
- 分布 本州〜沖縄
- 生育 林床、林縁、木陰

藪に生え、一見シュンランに似た葉をもつところから、ラン科ではないがこの名前がついた。穂状に咲く紫色の花と葉の曲線は野趣があり、和風庭園に植栽されることが多い。

花の直径は7〜8mm

高さ30〜50cm

葉は長さ30〜40cm、幅8〜12mm

📷 観察ポイント

シュンランの葉は、硬くて中央の主脈を谷に浅いV字型になっている。対してヤブランの葉は、平たくてふちが裏側に反っているので見分けられる。

果実のようだが果皮が破れて種子が剥き出し状態

地下に横走枝は出さないが叢生して大株になる

セリバヒエンソウ【芹葉飛燕草】

キンポウゲ科

学名 *Delphinium anthriscifolium*

- 花期 4～5月
- 生活 越年草
- 分布 中国原産
- 生育 道端、林縁、草地

花の長さは約2cm

葉はセリに似るが、有毒なので食べてはいけない

葉はセリに似るが有毒

高さ15～40cm

📷 観察ポイント

淡紫色の5枚の花びらは、花弁ではなく萼片。花の後方に伸びる1cmほどの距が特徴。花は園芸種のデルフィニウムとそっくりだが、それもそのはず、セリバヒエンソウも同じデルフィニウム属。

中国原産の帰化植物で明治時代に渡来し、東京を中心に各地で野生化している。葉がセリ（郊外編P.76）に似て、花がツバメの飛ぶ姿に似るのでこの名がある。

クマツヅラ科

ヤナギハナガサ【柳花笠】

- 別名 サンジャクバーベナ
- 学名 *Verbena bonariensis*
- 花期 6〜10月
- 生活 多年草
- 分布 南アメリカ原産
- 生育 人家付近、道端、空き地

花は径約4mm、長さ約8mm

高さ80〜150cm

茎には毛が多く断面は四角い

よく似たアレチハナガサより紫の花が目立つ

📷 観察ポイント

細い茎だが風で倒れることもない。茎を切ると正方形になっていて、平行に向かい合う2辺のみがやや内側に折れ込んでいる。これが強さの秘密だろうか。

葉は対生する

観賞用に庭で植えられていたものが逸出。道端や空き地で長い茎が風に揺れているのを各地で見かける。園芸用には三尺バーベナの名で出回ることが多い。

アレチハナガサ【荒地花笠】

学名 *Verbena brasiliensis*
花期 6〜8月
生活 多年草
分布 南アメリカ原産
生育 道端、空き地

クマツヅラ科

花は径約3mm、長さ約5mm

茎にほとんど毛はなく断面は四角い

高さ80〜150cm

葉は対生する

📷 観察ポイント

小花がヤナギハナガサよりやや小型で、色も淡く、花の下部にある筒状部が短いのも特徴。

道端や空き地に多く、ヤナギハナガサ（P.212）によく似る。しかし、花のつき方が花穂の上へ上へと咲き進むので、花穂は縦長になり、横にも広がるヤナギハナガサと区別できる。

道路脇や空き地に群生していることが多い

シソ科

キランソウ【金瘡小草】

別名 ジゴクノカマノフタ
学名 *Ajuga decumbens*

花期 3〜5月
生活 多年草
分布 本州〜九州
生育 道端、畑地、土手

地面に伏して広がり、鮮やかな紫色の花をつける。全体に毛が多く、茎は紫褐色を帯びる。紫を古語で「き」といい、藍色の藍（らん）と合わせて花色を表したのが語源ともいわれる。

紫色の唇弁花は長さ約1cm

茎の葉は対生する

茎は地を這う

高さ3〜10cm

花数も多く見応えがある

📷 観察ポイント

優秀な薬草であり、ロゼット状に大きく広がった株の様子から、地獄に落ちないように蓋をしてくれるという意味で「地獄の釜の蓋」の別名がある。

カキドオシ【垣通し】

学名 *Glechoma hederacea* subsp. *grandis*

- **花期** 4〜5月
- **生活** 多年草
- **分布** 北海道〜九州
- **生育** 草地、道端、林縁、明るい林床

📷 観察ポイント

葉を揉むと爽やかだが、微かに薬臭い独特の香りがする。全草を刈り取って陰干ししたものは、生薬レンセンソウ（連銭草）として知られる。

シソ科

花は葉のつけ根に1〜3個つく

葉は対生する

地を這い群生するが花も葉も可愛らしい

茎は花の後地を這う

高さ10〜30cm

丸い葉を対生させた茎が立ち上がり、葉のつけ根に1〜3個の紅紫色の花をつける。花が終わると茎は地を這い、垣根を通して伸びていく。これが名の由来。

215

スミレ科

タチツボスミレ【立坪菫】

学名 *Viola grypocera* var. *grypoceras*

📷 観察ポイント

花茎は、最初の花期は4〜8cm程度の高さしかなく、その後ほかの草と競い合うように伸びて30cmほどになる。

花の直径は約1.5cm

茎は花後に伸びる

葉はハート形で鋸歯がある

葉の基部に櫛状の托葉が目立つ

高さ20〜30cm

花期 3〜5月
生活 多年草
分布 本州〜沖縄
生育 林縁、林床、道端

もっともポピュラーなスミレのひとつ。春先から淡青紫色の花をつけ、林縁や道端などで群生していることが多い。名前のタチは花後茎が立つからで、ツボ（坪）は庭の意。

林縁や土手の陽だまりに群生することが多い

216

スミレ【菫】

学名 *Viola mandshurica*

花期 4〜5月　分布 日本全土
生活 多年草　生育 道端、空き地

スミレ科

果実は熟すと三裂し平開する

花は濃い紫が基本で側弁に毛がある

高さ6〜12㎝

葉柄には翼がある

濃い紫色（個体差あり）の花と細長くて葉柄に翼がある葉が特徴で、茎は根生の花茎のみで、他に地上茎が立ち上がることはない。道端に多く見られ、舗装路のすき間にも生える。

花は濃い紫色が基本だが濃淡は個体差がある

217

スミレ科

アメリカスミレサイシン

学名 *Viola sororia*

【亜米利加菫細辛】

花期 4〜5月
生活 多年草
分布 北アメリカ原産
生育 道端、空き地、草地

観賞用に栽培されていたものが逸出して現在では各地でみられる。花は2〜3cmと大きく白っぽくて中心部が紫色のプリケアナと花全体が紫色のパピリオナケアの2品種がある。

側弁に毛がある

高さ10〜20cm

葉は鋸歯のあるハート形

地下の根茎が薬草のサイシン（細辛）に似るのが名の由来

ノジスミレ【野路菫】

学名 *Viola yedoensis*

花期 3〜5月
生活 多年草
分布 本州〜九州
生育 道端、野原

スミレ科

距は真っ直ぐ
で細長い

全体に細かい
毛が多い

葉は長さ
3〜7cm

📷 観察ポイント

スミレに似るが、小型で
全体に毛が多くて、葉柄
の翼は目立たず、花の側
弁内側にはふつう毛はな
い、などの点で区別でき
る。

その名のとおり道端や人里
付近の野原に多い小型の
スミレで全体に細かい毛が
多い。花はやや青みがか
った紫色で香りがよく、ふ
つう側弁に毛はない。花
の距は細く長め。

その名のとおり道端や人里の
野原に多い

219

スミレ科

マルバツユクサ【丸葉露草】

学名 *Commelina benghalensis*
花期 7〜10月
生活 一年草
分布 本州（関東地方以西）〜南西諸島、小笠原
生育 海岸付近、道端、土手、畑地

関東地方以西や南西諸島に在来種の自生はあるが、栽培の逸出や南方からの栽培土に混入するなどの原因で帰化も増えているようだ。花はツユクサより小ぶり。

花は直径1.3〜1.5cm

📷 観察ポイント

茎は横に這う傾向が強く、先端付近を斜上させて花をつける。花も葉もツユクサよりやや淡色であることが多い。地下に閉鎖花をつける。

高さ15〜40cm

葉は幅広で毛があり、ふちが波打つ

街中で群生しているのを見かけるが、海岸にも生育する

ツユクサ【露草】

別名 ツキクサ、ボウシバナ
学名 *Commelina communis*

花期 6〜10月　**生活** 一年草
分布 日本全土
生育 道端、田畑周辺、溝、空き地

ツユクサ科

花弁は3枚だが下の1枚は目立たない

苞に包まれた若い果実

高さ20〜50cm

葉は無毛で基部は膜質の鞘状

📷 観察ポイント

雄しべは6本で、花粉があるのはいちばん突き出た2本だけ。ほかに中くらいの長さの飾り雄しべが1本、短くて黄色が目立つ飾り雄しべが3本ある。

青い花弁と黄色い雄蘂の葯が美しい

やや湿った道端などに生え、花では珍しい鮮やかな青色の花を夏から秋に咲かせる。朝咲いて昼過ぎには萎む一日花なので、そのはかなさを朝露にたとえて名がついた。

221

ツユクサ科

ムラサキツユクサ【紫露草】

学名 *Tradescantia ohiensis*

花期 6〜7月
生活 多年草
分布 北アメリカ原産

生育 道端、空き地、草地

園芸植物として庭や公園に植えられていたものが逸出。花は紫色が基本だが、さまざまな色の園芸品種がある。染色体が2倍の大型種をオオムラサキツユクサと呼ぶことがある。

高さ30〜90cm

葉は長さ10〜50cm

茎は無毛で断面はまるい

花の直径は3〜5cm

花はふつう一日花だが毎日次々と咲く

📷 **観察ポイント**

雄しべにたくさんの毛が生えていて、これは一列に並んだ細胞からできている。このシンプルな構造から細胞の原形質流動の観察によく利用される。

222

アメリカイヌホオズキ

【亜米利加犬酸漿】

ナス科

- 学名 *Solanum ptychanthum*
- 花期 8～11月
- 生活 一年草
- 分布 北アメリカ原産
- 生育 道端、空き地、畑地

花は白色～淡紫色、裂片は細い

個体差はあるが果実には光沢がある

葉は薄く幅は狭い

高さ40～80cm

茎は細め

全体に在来種イヌホオズキより細身の感じ

📷 観察ポイント

茎が細いので、つる性とまではいかないが、伸びるとやや倒れ込みながら横へ広がる傾向が強い。

1951年に兵庫県で確認され、現在は各地でふつうに見られる。イヌホオズキ（P.75）に似るが、株は大きくなるものの茎、葉、果実とも全体に細く、小さく、やや光沢がある。

223

ヒルガオ科

アメリカアサガオ【亜米利加朝顔】

学名 *Ipomoea hederacea* var. *hederacea*
花期 6〜9月
生活 一年草
分布 熱帯アメリカ原産
生育 畑地、道端、荒れ地

つる性

葉は鳥の趾のように3〜5深裂する

花は直径約3cmで紫色〜紅色

果実の苞や萼片には長い毛が生える

江戸時代末期に観賞用として入り、第二次世界大戦後に帰化が確認され、現在は各地に広がっている。幅広で3〜5深裂する葉が特徴的。花色や葉の形には変化が多い。

仲間!
マルバアメリカアサガオ
葉が深裂せずハート形のものをマルバアメリカアサガオという。ノアサガオなどでも同じ株でも異なる形の葉をつけることがある。

224

ムラサキウマゴヤシ【紫馬肥やし】

マメ科

- 学名 *Medicago sativa*
- 花期 5〜9月
- 生活 多年草
- 分布 地中海沿岸原産
- 生育 牧草地、草原、道端

高さ30〜90㎝

これは花色の濃いタイプ。淡紫色もある

📷 観察ポイント

花色の濃淡に個体差はあるものの、日本で見られるウマゴヤシの仲間で紫色の花は本種だけなので見分けやすい。根が非常に深く乾燥にも強い。

葉は3小葉からなる

茎は直立し疎らな毛がある

丈夫な牧草だが酸性土はあまり好まない

明治時代初期に渡来し牧草として利用されるが、逸出帰化して各地の草原や道端で見られる。アルファルファの名でも知られ、最近はスプラウトが健康野菜として人気。

ムラサキ科

キュウリグサ【胡瓜草】

別名 タビラコ
学名 *Trigonotis peduncularis*

花期 3〜5月
生活 越年草
分布 日本全土
生育 道端、畑

花は淡青色で径約2mm

高さ10〜30cm

葉は互生する

茎の先端はさそりの尻尾に似たサソリ型花序

道端や畑でふつうに見られる。名前の由来は葉を揉むとキュウリの匂いがするところからきている。秋に発芽しロゼット状で越冬し、春早くから花を咲かせる越年草。

226

ハナイバナ【葉内花】

- **学名** *Bothriospermum zeylanicum*
- **花期** 3〜11月
- **生活** 一年草または越年草
- **分布** 本州〜沖縄
- **生育** 道端、畑地

ムラサキ科

花は直径約3mm

高さ5〜30cm

茎は斜上する

葉は互生する

📷 観察ポイント

同じような環境に生えるキュウリグサ（P.226）と似るが、花序の先は巻かず、葉と葉のあいだ（内側）に花がつくのが特徴で、名前の語源にもなっている。

冬以外はいつでも咲く開花期の長さが特徴

ワスレナグサ（郊外編P.262）の仲間で、大きさや花のつき方は異なるが、草姿はどこか似ている。花は淡青紫色で、中心付近は副花冠と呼ばれる白い花状になっている。

227

アカネ科

ヤエムグラ【八重葎】

学名 *Galium spurium var. echinospermon*

- 生活 多年草
- 分布 北海道〜沖縄
- 生育 人家付近の藪

花は径2mmで白に近い淡黄緑色

茎の断面は四角く角に棘がある

葉や托葉にも鉤状の刺がある

高さ40〜100cm

勢いよく群生している様子をよく見かける

全体に鉤状の短い刺があるためざらつく。この刺で植物や塀などに引っかかりながら伸びる。6〜8枚の輪生する葉のように見えるが、本来の葉は2枚で残りは托葉。

アカネ【茜】

学名 *Rubia argyi*

花期	8〜10月
生活	多年草
分布	本州、四国、九州
生育	林縁、道端

アカネ科

花は径3〜4mm
の淡黄緑色

葉はふつう4枚
が輪生する

つる性

4輪生する葉と白い星の
ような花が特徴

全体に短い下向きの刺があり、こ
れを周囲のものに引っかけてよじ
登る。赤みのある根から茜色の
染料を採るのが名の由来。黒い
果実は2個くっついたものが多い。

📷 観察ポイント

ヤエムグラやカナムグラなどと
同じく寄りかかってよじ登るタ
イプなので茎には下向きの刺が
ある。

229

アサ科

カナムグラ【鉄葎】

学名 *Humulus scandens*
- **花期** 8〜10月
- **生活** 一年草
- **分布** 北海道〜奄美諸島
- **生育** 荒れ地、フェンス

雌雄異株で円錐状の花序を立ち上げるのは雄株

雄花は淡緑色で葯が垂れ下がる

つる性

葉は掌状に5〜7深裂する

茎や葉柄には下向きの刺がある

広範囲に生い茂る草のことを葎(むぐら)というが、本種はまさにやすりのような刺で周囲に絡みつき、覆いつくしてしまう。雌雄異株で、とくに雌花は目立たない。

カラスムギ【烏麦】

- 別名 チャヒキグサ
- 学名 *Avena fatua*
- 花期 5〜7月
- 生活 越年草または一年草
- 分布 ヨーロッパ〜西アジア原産
- 生育 道端、草地

イネ科

高さ50〜120cm

花穂には2本の長い芒がある

長さ15〜40cm、幅5〜10mm

古くにムギなどと共に入った史前帰化植物

花にある長い2本の芒はまるでバッタの脚のよう。この芒がないものをマカラスムギ（燕麦）といい、オートミールなどの原料となる。

イネ科

コバンソウ【小判草】

- 別名 タワラムギ
- 学名 *Briza maxima*
- 花期 4～6月
- 生活 一年草
- 分布 ヨーロッパ原産
- 生育 道端、草地、海岸

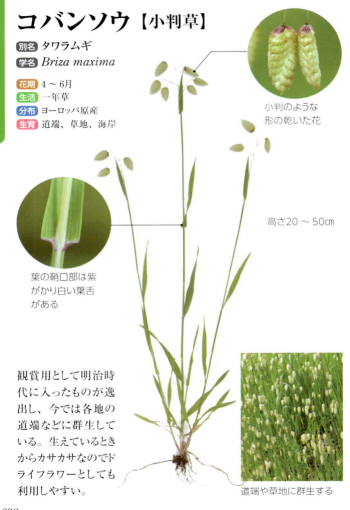

小判のような形の乾いた花

高さ20～50㎝

葉の鞘口部は紫がかり白い葉舌がある

観賞用として明治時代に入ったものが逸出し、今では各地の道端などに群生している。生えているときからカサカサなのでドライフラワーとしても利用しやすい。

道端や草地に群生する

ヒメコバンソウ【姫小判草】

- 別名 スズガヤ
- 学名 *Briza minor*
- 花期 5〜7月
- 生活 一年草
- 分布 ヨーロッパ原産
- 生育 道端、空き地、荒れ地

イネ科

初夏の草地に多数の細かな小穂が目立つ

小穂は長さ約4mm

葉は無毛で長さ5〜12cm

全体に無毛で茎は細いがしなやか

高さ10〜30cm

コバンソウ（P.232）を小さくした草姿が名の由来。実際、小穂は小さいだけで、形もよく似ている。コバンソウよりやや古い江戸時代に帰化したとされる。スズガヤの別名をもつ。

233

イネ科

イヌムギ【犬麦】

学名 *Bromus catharticus*

花期 4〜6月
生活 越年草
分布 南アメリカ原産
生育 道端、荒れ地

高さ40〜100cm

花穂は平たく先が尖る

小穂は平たく5〜6個の小花からなる

葉の鞘口部は白色を帯び膜質の葉舌がある

明治時代に牧草として入ったものが、各地の道端などでふつうに見られるまでに野生化した。平たく尖った花穂は、硬く閉じていることが多く、そのまま結実する。

スズメノチャヒキ【雀の茶挽】

イネ科

- 学名 *Bromus japonicus*
- 花期 4～6月
- 生活 一年草
- 分布 本州～九州
- 生育 畑地、荒れ地、道端

小穂は細長く6～10個の小花からなり、長いのぎがある

道端や荒れ地に群生している

葉は長さ15～30㎝

高さ30～60㎝

全体に軟毛が多く、茎は傾き穂は垂れる

比較的茎が細く柔らかいため倒れるように群れていることが多い。カラスムギ（P.231）の別名はチャヒキグサだが、それより小さくて食べられないのでこの名がついた。

235

イネ科

カモガヤ【鴨茅】

別名 オーチャードグラス
学名 *Dactylis glomerata*
花期 5〜8月
生活 多年草
分布 ヨーロッパ原産
生育 牧草地、道端、草地

よく知られた牧草でもある

高さ80〜120cm

葉は幅5〜15mmの線形

円錐状の花序に多数の花穂がつく

📷 **観察ポイント**

花序の枝先に数十個ずつかたまった花があり、突き出た雄しべがぶら下がっている。これが風に吹かれるたびに大量の花粉を飛散。

オーチャードグラスの名でも知られ、明治時代に牧草として入ったものが野生化し、道端や草地でふつうに見られる。風に飛ぶ花粉が花粉症の原因のひとつとなっている。

メヒシバ【雌日芝】

学名 *Digitaria ciliaris*

- **花期** 7～11月
- **生活** 一年草
- **分布** 日本全土
- **生育** 畑地、道端、草地

イネ科

細い花穂が
3～6本つく

高さ20～50cm

倒れながら節から根を下ろす

葉は柔らかく
ふちなどに毛
がある

小穂の出る場所は
少しずれる

📷 観察ポイント

オヒシバより湿り気を好み、踏みつけに弱いが、条件さえ合えば群生することが多いのはメヒシバ。秋も遅くまで生えている。

オヒシバ（P.239）に比べ、細く柔らかいのでメヒシバの名がついた。茎は節から根を下ろしながら地を這うように伸びて群生し、先端と節から花穂を立ち上げる。

237

イネ科

コメヒシバ【小雌日芝】

学名 *Digitaria radicosa*

花期 7 ～ 11月
生活 一年草
分布 日本全土
生育 庭、道端

木陰や建物の裏側など明るい日陰に多い

小穂の数は少なく一カ所から出る

極細の花穂が2～3本つく

📷 観察ポイント

小さく、栄養不良のメヒシバのようだが、物陰に生えているのは本種であることが多い。

葉は長さ3～7cm

高さ10 ～ 30cm

その名のとおり全体にメヒシバ（P.237）よりも小さく、花穂もふつう2～3本しかない。建物や木の陰など、直射日光が当たり過ぎない場所を好んで生える傾向がある。

238

オヒシバ【雄日芝】

- 学名 *Eleusine indica*
- 花期 8〜10月
- 生活 一年草
- 分布 本州〜沖縄
- 生育 道端、荒れ地、草地

小穂は枝の片側に2列につく

葉鞘や葉のふちに毛がある

高さ30〜50cm

📷 観察ポイント

メヒシバは小苗のときから茎や葉鞘部が紫色がかり比較的丸い。対してオヒシバは、白っぽく平たい傾向があるので、穂がなくても見分けがつく。

日照りのアスファルトの隙間で踏まれながらも花穂を伸ばす、都市部の夏の草の代表格。メヒシバ（P.237）のように這いながら節から根を下ろすことはなく、まとまった株になる。

イネ科

イネ科

イヌビエ【狗稗】

別名 ノビエ
学名 *Echinochloa crus-galli*
花期 6〜11月
生活 一年草
分布 日本全土
生育 畑地、道端

高さ50〜120cm

花序に毛が多いものから少ないものまでさまざま

雑穀のヒエの原種。穂の形状や色、生える場所などでケイヌビエ、タイヌビエなどの変種があり、その中間的なものもある。

📷 観察ポイント

穂が出るまでは稲や麦にまぎれると見分けるのが難しく、その内いち早く結実し種子を散らすという厄介な雑草でもある。

葉は長さ15〜40cmで無毛

茎は平たく、それを葉鞘が包む

イネと同じで熟すほどに穂は垂れる

240

アオカモジグサ【青髭草】

学名 *Elymus racemifer*

花期 5〜7月
生活 多年草
分布 北海道〜沖縄
生育 道端、荒れ地、草地

イネ科

高さ40〜90cm

内穎は護穎より短く先がまるい

茎は直立するが穂は垂れる

カモジグサ（上）とアオカモジグサ（下）

📷 観察ポイント

小穂は緑色で、芒は紫色を帯びず、外穎より内穎が短いのが特徴。また、結実後枯れると芒が外側に開く。

(写真：勝山輝男)
花穂は弧を描いて垂れ、小穂の芒は熟すと外側に反る

カモジグサ（P.242）とよく似ていて、花期や大きさもほぼ同じで、混生していることが多い。カモジグサのように小穂が粉っぽい白緑色ではなく青（緑色）いのが名の由来。

241

イネ科

カモジグサ【髢草】

学名 *Elymus tsukushiensis* var. *transiens*

花期 5～7月
生育 道端、荒れ地、草地
生活 多年草
分布 北海道～沖縄

護頴と内頴の長さは同じ

📷 観察ポイント

小穂に柄はなく、長い毛のような芒は紫色を帯びることが多い。

高さ40～100cm

葉は長さ20～30cm、幅5～10mm

茎は直立し先はしなだれる

花序は灰緑色で芒は紫色を帯びる

昔、女の子が遊びで本種をかもじ（日本髪を結うときに補う髪の毛）の代わりにしたのが名の由来。初夏の草原や道端で、長い茎の先の方に灰緑色の小穂を互生させ、その先端部はしなだれる。

シナダレスズメガヤ【撓垂雀茅】

イネ科

別名 セイタカスズメガヤ、タレスズメガヤ、セイタカカゼクサ
学名 *Eragrostis curvula*
花期 4～11月
生活 多年草
分布 南アフリカ原産
生育 道端、道路の法面

道路の法面等の補強目的に植栽したものが野生化し、各地の道端でもっともポピュラーな草となった。細かい花穂の細長い茎葉がしなだれる様が名前の由来。

高さ50～120㎝

葉の幅は数㎜あるが巻き込んで線状に見える

茎は細いが非常にしなやかで風になびく

小穂は3㎜ほどの小花約10個からなる
(写真：勝山輝男)

最近、車道や歩道脇に最も多い草のひとつ

📷 観察ポイント

もっとも内側の車道寄りに生えることが多く、その外側の歩道あたりに生えるセイバンモロコシと棲み分けているのをよく見かける。

243

イネ科

コスズメガヤ【小雀茅】

学名 *Eragrostis minor*
花期 7〜10月
生活 一年草
分布 ユーラシア原産
生育 道端、乾燥した荒れ地

小穂は白〜淡緑色

コバンソウ（P.232）のように、小穂は乾いた感触で、特に熟すと一段と乾燥して白くなり霜が降りたように見える。

高さ15〜40㎝

完熟した小穂は白く繊細なドライフラワー

茎の節はふくらむ

葉は長さ8〜12㎝

ナルコビエ【鳴子稗】

学名 *Eriochloa villosa*

- **花期** 7〜8月
- **生活** 一年草
- **分布** 本州〜沖縄
- **生育** 草地、河原、空き地

河原や草地に生える。夏から秋にかけて、総状の花序の片側に偏って4〜7個の枝を出し、2小花からなる小穂を下向きに並んでつける。花序の形が鳴子に似ることからこの名がついた。

イネ科

小穂は2小花からなる

全体に細かい軟毛がありソフトな感じ

葉は長さ5〜20cm、幅5〜10mm

鞘口部には細毛がある

草地や河原に多く群生することもある（写真：山田隆彦）

高さ40〜70cm

245

イネ科

ネズミムギ【鼠麦】

別名 イタリアンライグラス
学名 *Lolium multiflorum*

花期 5〜8月
生活 多年草
分布 ヨーロッパ原産
生育 道端、荒れ地

ヨーロッパ原産のイタリアンライグラスと呼ばれる牧草で逸出帰化し、各地の道端でごくふつうに見られる。穂はあまりしなだれず立ち、小穂には5〜10mmの芒がある。

芒の長さは個体差がある

葉は長さ15〜40cm

高さ40〜80cm

📷 観察ポイント

同じイネ科のイヌムギやカモジグサと比べると茎は穂の先まで直立に近い状態でほとんど垂れない。

朝に開花して黄色い葯が風に揺れる

ホソムギ【細麦】

イネ科

別名 ペレニアルライグラス、ライグラス
学名 *Lolium perenne*
花期 5～6月
生活 多年草
分布 ヨーロッパ原産
生育 道端、荒れ地、牧草地

ヨーロッパ原産の牧草でペレニアルライグラスの名をもつ。今では各地に帰化している。ネズミムギ(P.246)とよく似るが、本種には小穂に芒がない。

高さ30～70cm

小穂に芒はない

茎は細いが硬くて丈夫

葉は長さ5～25cm

緑化播種で近縁種と交雑が進んでしまっている

📷 観察ポイント

小穂の芒の長さが中間的なネズミムギとホソムギの雑種が増えていて、ホソネズミムギまたはネズミホソムギと呼ばれる。

247

イネ科

チヂミザサ【縮み笹】

学名 *Oplismenus undulatifolius*

- 花期 8〜10月
- 生活 多年草
- 分布 日本全土
- 生育 木陰、林床、半日陰の庭

日陰や半日陰の環境を好み、茎の節から根を下ろしながら広がり、穂のつく先端は斜上する。その名のとおりササのような形の葉の縁は、縮れたように波打つ。

雌しべはブラシ状、雄しべは袋状

葉は縁が波打つ

📷 観察ポイント

花穂につく雌しべはブラシ状、雄しべは袋状でどちらも白く、ルーペで見ると意外な美しさがある。

茎の節から根を下ろす

小穂の毛はべたつきズボンの裾に着いてくる

高さ10〜30cm

シマスズメノヒエ【島雀の稗】

- 別名 ダリスグラス
- 学名 *Paspalum dilatatum*
- 花期 9〜10月
- 生活 多年草
- 分布 南アメリカ原産
- 生育 道端、田畑周辺、草地

イネ科

小穂には長い毛が多い

葉は長さ10〜25cm

高さ60〜100cm

葉鞘に目立った毛はない

スズメノヒエに似るが小穂の縁に毛がある

南アメリカ原産の帰化植物だが、今では各地でふつうに見られる。夏から秋にかけて、長い花柄の先端付近に小穂が4列に並ぶ、長さ5〜9cmの花軸を3〜6本つける。

249

イネ科

スズメノヒエ【雀の稗】

学名 *Paspalum thunbergii*

花期 8～9月
生活 多年草
分布 北海道〜沖縄
生育 草地、田畑周辺

小穂に毛はない

高さ40〜90㎝

📷 観察ポイント

よく似たシマスズメノヒエ（P.249）は小穂に長い毛があり、4列に並ぶので区別できる。

葉は長さ10〜30㎝

田の畦や土手、畑地などに生える。長い花茎の先端付近で分枝した小枝に、下向きの2列に並んだ小穂をつける。花期の小穂には、黒っぽい柱頭と黄色い葯が目立つ。

小穂に毛はなく、葉鞘に毛があるのが特徴

スズメノカタビラ【雀の帷子】

学名 *Poa annua* var. *annua*

花期 2〜4月
生活 一年草または越年草
分布 日本全土
生育 畑地、畦道、道端

イネ科

高さ5〜20cm

庭から畑、さらにはプランターの中まで、もっとも身近に見られる草のひとつ。帷子という名前は、重なり合う小穂の形からなのか、由来についてははっきりしていない。

葉は柔らかい

花穂は緑色
〜紫色

何本かの茎が株
状に立ち上がる

スズメはこの草の種子を
よく食べる

庭先や畑など最も身近に生え
る草のひとつ

251

イネ科

アキノエノコログサ【秋の狗尾草】

学名 *Setaria faberi*

花期 7～11月
生活 一年草
分布 日本全土
生育 道端、荒れ地、草地

エノコログサ（P.254）より大型で、秋の名がつくが夏ごろから見られる。花穂が大きく重いため、先端が垂れていることが多い。

高さ40～100cm

花穂は濃い緑色で先が垂れ、小穂の第二包頴が短い

葉の鞘口部には毛状の葉舌がある

葉は青みが強い緑色

明るい黄緑色のエノコログサに比べて、全体的に青みがかった緑色。

キンエノコロ【金狗尾】

学名 *Setaria pumila*

花期 8〜11月
生活 一年草
分布 日本全土

生育 道端、荒れ地、草地

イネ科

花穂はやや細めで黄金色

高さ20〜60cm

金色の穂は垂れ下がらず直立する。逆光で輝く姿は美しい

葉は長さ20〜30cm、幅6〜9mm

葉の鞘口部の葉舌は毛状

全体に細身で直立の黄金色の花穂（果穂）が目立つエノコログサ（P.254）の仲間。花穂の短いコツブキンエノコロや長めのナガボノキンエノコロなどの変種もある。

イネ科

エノコログサ【狗尾草】

別名 ネコジャラシ
学名 *Setaria viridis*

高さ20～60cm

葉は明るい緑色

花穂は垂れ
下がらない

葉の鞘口部の葉
舌は毛状で葉鞘
は無毛

花期 5～11月
生活 一年草
分布 日本全土
生育 道端、荒れ地、
草地

ネコジャラシの名でも知ら
れるが、エノコロは犬こ
ろが語源。ふさふさの花
穂を犬の尻尾に見立てた
もの。雑穀のアワは本種
を品種改良してできたと
いわれる。

似た仲間のうちでもっと
も早く花穂を出す

254

カラムシ【茎蒸】

- **別名** クサマオ
- **学名** *Boehmeria nivea* var. *nipononivea*
- **花期** 7〜9月
- **生活** 多年草
- **分布** 本州〜沖縄
- **生育** 林縁、道端

イラクサ科

雌花は茎の上方につく

雄花は茎の下方につく

高さ80〜150cm

葉裏は白い

風で葉が翻ると葉裏が白いのが目立ち、よくわかる

から（茎）を蒸して繊維を採ることが名前の由来で、昔から栽培されている。その繊維で織られる越後上布は有名。アカタテハの幼虫の食草としても知られる。

255

ウコギ科

チドメグサ【血止草】

学名 *Hydrocotyle sibthorpioides*

花期 6〜10月
生活 多年草
分布 本州〜沖縄
生育 道端、芝生、庭

葉は直径1〜1.5cmで浅く切れ込む

(写真:山田達朗)

花は十数個集まってつき葉に隠れる

ほふく性

茎は地をはい、節から根を下ろす

はえ庭の片隅や湿った道端、芝生などに生え、茎は地を這って伸びながら分枝し、節から根を出して広がる。葉の成分に収斂作用があるため昔から血止めに使われたのが名の由来。

ヒメチドメとよく似るが、葉が大きめで切れ込みは浅い

256

チドメグサの仲間

葉は直径0.4～1cmで深く裂ける

花は2～4個集まってつき葉より低い

茎はごく細い

ヒメチドメ【姫血止】

学名 *Hydrocotyle yabei* var. *yabei*
花期 6～10月
生活 多年草
分布 本州～九州
生育 石垣、湿った木陰

その名のとおり小さくて、チドメグサより葉の切れ込みが深く、くき糸のように細い。

オオチドメ【大血止】

学名 *Hydrocotyle ramiflora*
花期 6～10月
生活 多年草
分布 本州～九州
生育 山野の湿った草地

全体に大きくて花茎が葉柄より長く、花が葉の上に突き出て咲くのは本種だけ。

葉は直径は1.5～3cmで切れ込みは浅い

ほふく性だが先端は斜上し高さ4～15cm

花は葉より上に出て咲く

ノチドメ【野血止】

学名 *Hydrocotyle maritima*
花期 6～10月
生活 多年草
分布 北海道～九州
生育 田の周辺、湿った草地

葉が大きくオオチドメと似ているが、切れ込みが深く、花は葉より低いので区別できる。

葉は直径2～3cmで5深裂する

ほふく性だが先端は斜上する

花茎は葉柄より短い

ウマノスズクサ科

ウマノスズクサ【馬の鈴草】

学名 *Aristolochia debilis*
花期 7〜10月
生活 多年草
分布 本州（関東以西）〜九州
生育 草原、河川敷

つる性の茎にヤマノイモの葉をまるくしたような葉を互生させる多年草でラッパ状の独特な形の花をもつ。

花はラッパ状で奥へ昆虫を誘い込む

果実は楕円形で熟すと6裂する

(写真：新井和也)

仲間!

オオバウマノスズクサ
ウマノスズクサによく似ているが、木本で林内や林縁に生え木に絡みつく。その名のとおり葉が大きいが形は変化に富む。

ヒメクグ【姫莎草】

- 学名 *Kyllinga brevifolius* var. *leiolepis*
- 花期 7～10月
- 生活 多年草
- 分布 北海道～沖縄
- 生育 田畑周辺、湿った草地や芝生

カヤツリグサ科

小穂が集まってまるい花序をつくる

茎は細くて断面は三角形

高さ10～30cm

葉は細く柔らかい

やや湿った環境を好むカヤツリグサ（P.298）の仲間。細い茎上にある3枚の横に張った苞葉と、その中心の緑色の小さなまるい花序が特徴的。地下茎を横に伸ばして増える。

📷 観察ポイント

小さくとも花序の下の苞葉や三角形の茎などカヤツリグサの仲間に多く見られる特徴をもち、名もヒメ（小さい）クグ（カヤツリグサの古称）からきている。

都会の公園の芝生などでもよく見かける

259

キク科

ブタクサ【豚草】

学名 *Ambrosia artemisiifolia*

- **花期** 8〜10月
- **生活** 一年草
- **分布** 北アメリカ原産
- **生育** 道端、荒れ地、畑地

1880年代に関東地方で見つかり、現在では全国的に広がっている。頂部に穂状につく雄花が飛散する花粉から花粉症の原因植物のひとつとされている。

高さ 30〜120cm

雄花

雌花

頂部に雄花、苞葉内に雌花をつける

夏から秋にかけて花穂を立ち上げる

葉は深く細かく切れ込む

📷 観察ポイント

花弁はなく、頂部に目立つのは穂状の雄花。雌花はそのつけ根あたりにある苞葉に包まれていて目立たない。

トキンソウ【吐金草】

別名 タネヒリグサ、ハナヒリグサ
学名 *Centipeda minima*

花期 10～12月
生活 一年草
分布 日本全土
生育 道端、田畑、庭

キク科

高さ5～20cm

花は中心の茶褐色が両性花でその周りの緑色が雌花

茎には伏した長い毛がある

葉は互生しやや肉厚

果実（痩果）は約1.5mmで冠毛はない

📷 観察ポイント

花を潰すと黄色い小さな小判のような果実が出てくるところから「吐金草」の名がついた。

農耕地から砂利道まで生え踏まれ強い

低く地を這う茎に葉を互生させ、その葉のつけ根に筒状花のみの集まった半球状の花をつける。小さいうえ花も目立たず気づかないことが多いが、庭や畑まで身近にある。

261

キク科

マメカミツレ【豆加密列】

学名 *Cotula australis*
花期 8～10月
生活 一年草
分布 オーストラリア原産
生育 道端、人家付近、荒れ地

中心部に筒状花、周囲に雌花が並ぶ

果実は小判状で翼がある

高さ5～25cm

葉は羽状に深裂する

📷 観察ポイント

葉などカモミールにそっくりなので、幼苗同士だと簡単には見分けられないかもしれない。

オーストラリア原産で日本では暖地を中心に帰化しており、とくに都市部に多い傾向がある。名前はカミツレ（カモミール）に似ていて小さいところに由来している。

オオオナモミ【大菓耳】

学名 *Xanthium orientale* subsp. *orientale*

花期 8～10月　生活 一年草
分布 北アメリカ原産
生育 道端、空き地、河川敷

キク科

果実は長さ
2～2.5cm

花は茎の先端や葉
腋にまとまってつ
く

葉は互生する

茎は紫色
がかる

高さ50～150cm

日本には古い時代に帰化したオ
ナモミがあるが、最近は本種の
方をよく見る。果実には鉤状の
大きな刺があり、衣服にくっつく
ひっつき虫。オナモミは果実が小
さく、鉤状の刺の数も少なめで
まばらに見える。

仲間！

イガオナモミ
オナモミの仲間では、果実がもっと
も大きく、鉤状の刺が表面までも細
かく生えているのが特徴。

263

クワ科

クワクサ【桑草】

学名 *Fatoua villosa*
花期 9〜10月
生活 一年草
分布 本州〜沖縄
生育 道端、畑地、土手

📷 観察ポイント

集まって咲く花は緑色〜紫色。雄花は白色の雄しべを内側に丸めて収納しているが、やがて内圧が高まると弾けて伸びて花粉を飛ばす。

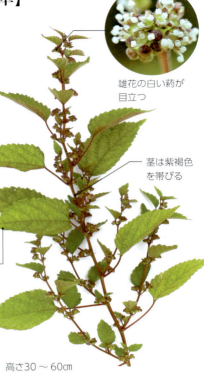

雄花の白い葯が目立つ

茎は紫褐色を帯びる

葉はクワノキの葉に似る

高さ30〜60cm

クワ科でもあり、桑の木を草本にした感じ

道端や庭にもふつうに見られる地味な草で、葉がクワノキの葉に似ているのが名の由来。雌雄同株だが、形の違う雌花と雄花が集まって葉のつけ根につく。

264

ハイミチヤナギ【這道柳】

別名 コゴメミチヤナギ、スナジミチヤナギ

学名 *Polygonum aviculare* subsp. *depressum*

タデ科

長さ10 〜 40cm

舗装路のすき間にも生え、踏まれ強い

葉は長さ
1〜2cm

茎は地を
這い、節
間は短い

📷 **観察ポイント**

葉のつけ根に数個の蕾をつけ1
個ずつ開く。蕾は赤みを帯びる
ことが多いが、開くと緑に白い
覆輪の花になる。花弁はなく、
花びら状のものは5深裂した萼。

花期 5 〜 9月

生活 一年草

分布 ヨーロッパ原産

生育 道端、空き地、荒れ地

北海道で最初に見つかったとされる
が、現在は各地の道端でふつうに
見られる。在来種のミチヤナギ
（P.266）に似ているが、ほふく性な
のでこの名があり、全体に小ぶり。

花は直径
約3mm

265

タデ科

ミチヤナギ【道柳】

別名 ニワヤナギ
学名 *Polygonum aviculare* var. *aviculare*
花期 5〜10月
生活 一年草
分布 日本全土
生育 道端、空き地、畑、庭

北半球の温帯〜亜熱帯に広く分布し、日本全土で見られる在来種。道端でヤナギのような細長い葉をつけるのでこの名がついた。葉のつけ根に1〜5個の小さな花がつく。

📷 観察ポイント

花弁はなく、花は主に5裂した萼片からなる。緑色をした花びら状で、白い覆輪があるツートンカラーの可愛い花。

花は直径3〜4mm

葉は長さ1.5〜3cm

茎は直立または斜上する

高さ15〜40cm

茎は立ち上がり葉はハイミチヤナギよりだいぶ大きい

ギシギシ【羊蹄】

学名 *Rumex japonicus*

- **花期** 5～8月
- **生活** 多年草
- **分布** 日本全土
- **生育** 田畑周辺、草原、土手、道端

ギシギシの花。雄しべの葯が目立つ

果実の翼には鋸歯があり、粒体は3個同じ大きさ

堂々としているのでオオギシギシの別名もある

葉は長楕円形で縁は波打つ

高さ50～100cm

スイバ（郊外編P.303）などとともに初夏の畦や土手、荒れ地などでふつうに見られる。若い葉は山菜に、根は晩秋に掘出して天日で乾燥し、生薬のヨウテイコン（羊蹄根）に利用される。

📷 観察ポイント

茎葉を揉むとギシギシと音がするのが名の由来。ほかに、果実が橋の欄干などにある擬宝珠に似ていて、たくさんあるのでギボウシギボウシ、これが転訛してギシギシなどさまざまな説がある。

タデ科

タデ科

アレチギシギシ【荒地羊蹄】

学名 *Rumex conglomeratus*

花期 6～7月
生活 多年草
分布 ユーラシア原産
生育 道端、荒れ地、田畑周辺

高さ50～120cm

葉のつけ根に20個くらいが段々につく

果実を包む3枚の翼は細く小さい

茎は細く直立する

葉は細くてうねる

📷 観察ポイント

花穂のある茎の上部まで細い葉がつき、そのつけ根に花が段々に輪生する。その段々の距離があるため、まばらに見える。

1905年に横浜市で確認された帰化植物で、現在はほぼ全国で見られる。日本のギシギシの仲間ではおそらく、もっとも細身で、花も少なくまばらに見える。

ナガバギシギシ【長葉羊蹄】

学名 *Rumex crispus*

高さ1〜1.5m

花期 5〜10月
生活 多年草
分布 ヨーロッパ原産
生育 田畑周辺、道端、荒れ地

タデ科

花は緑色で淡黄色の葯が目立つ

ギシギシとよく似て、青々して大きい

果実を包む3枚の翼は丸みがあって鋸歯はない

葉は細長く縁が波打つ

1891年に東京で帰化が確認され、現在では各地でふつうに見られる。長く大きな葉はふちが波打ち、果実を包む3枚の翼は丸くてふちは滑らか。粒体は3個が不揃い。

📷 **観察ポイント**

ギシギシの仲間は、果実を包む3枚の翼（萼片）の形と、そこにつく粒体の大きさ、揃い方で見分けるのが確実。

269

タデ科

エゾノギシギシ【蝦夷の羊蹄】

別名 ヒロハギシギシ、アメリカギシギシ

学名 *Rumex obtusifolius*

花期 5 〜 10月

生活 多年草

分布 ヨーロッパ原産

生育 道端、田畑周辺、土手

📷 **観察ポイント**

日本のギシギシの仲間で、果実の翼の鋸歯がもっとも顕著で、それにつく粒体は1個だけで赤みを帯びることが特徴。

花はやや赤みを帯びる

果実の翼には長い鋸歯があり粒体は1個

高さ50 〜 130cm

根生葉の中央脈は赤みを帯びる

明治時代の末期に北海道で見つかり、その後各地に帰化。葉のふちがあまり波打たず、葉が平らで広く見えるところからヒロハギシギシとも呼ばれる。

ギシギシとアレチギシギシの中間的な雰囲気

270

トウダイグサ【燈台草】

- 別名 スズフリバナ
- 学名 *Euphorbia helioscopia*
- 花期 4～6月
- 生活 越年草
- 分布 本州～沖縄
- 生育 道端、土手、空き地、畑地

高さ20～30cm

トウダイグサ科

花は黄緑色の杯状花序

春の畦道や土手で、周囲より一段と明るく、鮮やかな黄緑色に群生していることが多い。上部が平らで明るいのを、昔の燈台（室内を照らす照明器具）にたとえたのが名前の由来といわれる。

葉は互生し、頂部のみ5枚輪生する

茎を切ると白い乳液が出る

苞葉はノウルシほど黄色くない黄緑色

📷 観察ポイント

本種やノウルシ（郊外編P.137）の茎や葉を切ると、白い乳液が出る。両種とも全草有毒なため、この乳液も触るとかぶれることがあり、ノウルシの名の由来になっている。

271

ヒユ科

イノコズチ【猪子槌】

別名 イノコヅチ、ヒカゲイノコズチ
学名 *Achyranthes bidentata* var. *japonica*

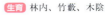
花期 8〜9月
生活 多年草
分布 本州〜九州
生育 林内、竹藪、木陰

仲間！

ヒナタイノコズチ
陽の当たる開けた場所にはヒナタイノコズチが多い。果実の小苞の基部にある付属物が約0.5mm（イノコズチは約1mm）と小さい。

花は緑色の星形

葉は長楕円形で長さ5〜15cm

果実には2本の刺状の小苞があり衣服につく

高さ50〜100cm

節が膨らみ赤紫色を帯びる

陽の当たらない藪や林縁などに生え、目立たない緑色の花をつける。果実には小苞と呼ばれる花の周りにあった部分が2本刺状に反り、獣や衣服に刺さって運ばれる。

イヌビユ【犬莧】

別名 ムラサキビユ
学名 *Amaranthus blitum*

花期 6〜11月
生活 一年草
分布 原産地不明
生育 畑地、荒れ地

ヒユ科

高さ30〜60cm

花穂に雌花雄花混じって咲く

葉の先は凹む

この個体の茎は青いが、紫褐色を帯びることが多い

アオゲイトウやホナガイヌビユに似るが葉先が大きく凹むので区別がつく

畑地や荒れ地に生え、葉は小さめで先が大きく凹み、花穂は太めで結実後果実が熟しても果皮は緑色を保つ。世界中に広く分布するが原産地は不明。若い葉や種子は食用になる。

273

ヒユ科

ホソアオゲイトウ【細青鶏頭】

- 学名 *Amaranthus hybridus*
- 花期 7〜11月
- 生活 一年草
- 分布 熱帯アメリカ原産
- 生育 畑地、荒れ地、空き地、道端

花穂には雌花、雄花、両性花が混じる

休耕地に群生するホソアオゲイトウ

高さ0.8〜2m

葉の先は尖る

茎は直立し、葉腋から分枝する

明治時代に入り、現在は各地で見られる。園芸種ケイトウの仲間で、花穂は緑色だが草姿はよく似ている。近縁種のアオゲイトウより穂が細いのが名前の由来。花穂が紫色になるものをムラサキアオゲイトウと呼ぶ。

ホナガイヌビユ【穂長犬莧】

ヒユ科

- 別名 アオビユ
- 学名 *Amaranthus viridis*
- 花期 6～10月
- 生活 一年草
- 分布 熱帯アメリカ原産
- 生育 畑地、荒れ地、空き地、道端

高さ40～90cm

茎は細め

葉の先は少し凹む

花穂には雌花と雄花が混じる

📷 観察ポイント

イヌビユに似るが穂は細長くて熟すと淡褐色になる、葉は大きめで先端があまり凹まない点で区別できる。

花穂は直立せず、曲がり垂れる

畑地や荒れ地、道端などに生え、イヌビユ（P.273）よりも目にする機会は多い。その名のとおり、緑色の花穂は細長く伸び、やがて果実が熟すと淡褐色になる。葉も種子も食用になる。

ヒユ科

アカザ【藜】

- 学名 *Chenopodium album* var. *centrorubrum*
- 花期 9〜10月
- 生活 一年草
- 分布 中国原産
- 生育 畑地、荒れ地、空き地、道端

花は黄緑色で細かい

若葉は赤紫色

茎には緑色の縦縞がある

高さ1〜1.5㎝

仲間！

シロザ
若芽が白い粉に覆われているものをシロザと呼ぶ。アカザも本種も粉の下は緑色で、食用になる。

古い時代に中国から渡来した帰化植物。名の由来でもある若芽を覆う赤色は、指で擦ると簡単にとれる粉状で、柔らかな新芽を紫外線などから守っていると思われる。

コアカザ【小藜】

学名 *Chenopodium ficifolium*

- **花期** 5〜7月
- **生活** 一年草
- **分布** ヨーロッパ、シベリア西部原産
- **生育** 畑地、道端、荒れ地

📷 観察ポイント

名前にアカザとつくが、アカザ（P.276）のように若芽が赤くなることは、ほとんどない。

ヒユ科

花には粉状の粒がついている

高さ30〜60cm

葉はシロザより幅が狭い

茎は無毛で条がある

よく分枝するが、草丈は低い

古い時代に帰化したと考えられ、今では畑地や荒れ地などでふつうに見られる。シロザ（P.276）に似るが全体に小さく花期が早い。

ヒユ科

アリタソウ【有田草】

- 学名 *Dysphania ambrosioides*
- 花期 7〜11月
- 生活 一年草
- 分布 南アメリカ原産
- 生育 道端、空き地、畑地

花は雄しべの葯の白色だけが目立つ

高さ40〜100㎝

葉は長さ8〜10㎝

茎に毛の多いタイプもある

耕地から舗装路のすき間までどこでも生える

茎は直立しながら分枝し、夏から秋にかけて小さな花穂を円錐状にたくさんつける。葉には緩やかで不規則な鋸歯があり、茎葉全体に薬のような独特の香気がある。

ゴウシュウアリタソウ【豪州有田草】

学名 *Dysphania pumilio*

花期 7〜9月
生活 一年草
分布 オーストラリア原産
生育 道端、畑地、空き地

ヒユ科

花は葉腋にかたまってつく

全体にアリタソウ（P.278）を小さくして地を這わせた感じ（立ち上がるものもある）で、同じような香気もあるが、本種はオーストラリア原産。

葉は長さ1〜2.5cm、波状の鋸歯がある

茎は這うものと立つものがある

匍匐するものが多いが時に直立し群生する

高さ5〜30cm

ブドウ科

ノブドウ【野葡萄】

学名 *Ampelopsis glandulosa* var. *heterophylla*
花期 7〜8月
生活 つる性落葉低木
分布 北海道〜沖縄
生育 林縁、垣根、フェンス

花は直径3〜5mm

📷 観察ポイント

伸びて絡む茎は毎年冬に枯れ、基部は太く木質化する。ノブドウ属に分類され、茎には葉と花（果実）が交互につく点などで、ヤマブドウなどのブドウ属とは異なる。

果実は葉と交互につく

葉は互生する

つる性

果実は虫の寄生により多様な色になる

郊外では林縁の木などに、市街地ではフェンスや生け垣などに絡んでよじ登る。ただし花が目立たないこともあり、秋に色とりどりの果実をつけるまでは、存在に気づかないことが多い。

ヤブカラシ【藪枯らし】

別名 ヤブガラシ、ビンボウカズラ
学名 *Cayratia japonica*

花期 7〜9月
生育 林縁、垣根、フェンス
生活 多年草
分布 日本全土

ブドウ科

花は直径3〜5mm

📷 観察ポイント

咲きたての花は淡黄緑色の花弁が橙色の花盤を包むようについているが、やがて花弁は散り、花盤もピンク色に変わる。

つる性

葉は多くの小葉からなる鳥足状

東日本のものは果実をつけることは稀

葉と対生する巻きヒゲで周りのものに巻きついて覆い被さり、藪でも枯らしてしまうところから名がついた。市街地では藪の代わりにフェンスや看板に絡みついているのをよく見かける。

281

ブドウ科

エビヅル【海老蔓】

学名 *Vitis ficifolia*

- 花期 6〜8月
- 生活 つる性木本
- 分布 本州〜沖縄
- 生育 林内、林縁

雌雄異株でこれは雄花

(写真：山田達朗)

巻きひげで絡みつくがその巻きひげは葉に対峙して2節つくと1節なしでまた2節つく

ヤマブドウに似たつる性木本で果実もやや小さく青臭さがあるものの食用になる。葉もやや小さめで切れ込みは深め。葉裏には白〜淡褐色のクモ毛がある。

コミカンソウ【小蜜柑草】

学名 *Phyllanthus lepidocarpus*

花期 7〜10月　**生活** 一年草
分布 本州〜沖縄
生育 空き地、畑、道端

ミカンソウ科

横枝の先端側（左）に雄花、基部側（右）に雌花がつく

果実は橙色で表面につぶ状の隆起したシワがある

高さ20〜40cm

楕円形の葉が互生する

羽状複葉のような横枝を出す

茎や葉の縁は紫色を帯びることが多い

直立した茎から横に一見羽状複葉と見間違えそうな横枝を出し、そこにつく葉の葉腋から下向きに花をつける。花後に膨らむ果実は、まるで小さなミカンのようなのでこの名がある。

ミカンソウ科

ナガエコミカンソウ【長柄小蜜柑草】

学名 *Phyllanthus tenellus*

花期 6〜12月　**生活** 一年草
分布 インド洋マスカレーヌ諸島原産
生育 道端、空き地

横枝の葉腋から長い柄のある花をつける
(左：雄花、右：雌花)

果実の長い柄が
名前の由来

高さ20〜60cm

葉は楕円
形で互生
する

📷 観察ポイント

関東以西の都市部に多く帰化している。寒い地方では冬に枯れる一年草だが、沖縄などの暖地では冬も枯れずに一年中花がつくため小低木となっている。

羽状複葉の
ような横枝
を出す

羽状複葉のような横枝の葉の葉腋に花がつくのは在来種コミカンソウ（P.283）と同じだが、本種は長い花柄がある。果実は緑色で葉の上方で熟すことが多い。以前はブラジルコミカンソウとも呼ばれた。

ヒメミカンソウ【姫蜜柑草】

- 別名 チョウセンミカンソウ
- 学名 *Phyllanthus ussuriensis*
- 花期 8～10月
- 生活 一年草
- 分布 本州～沖縄
- 生育 道端、畑地、空き地

ミカンソウ科

左下が雌、右の2個が雄花

果実は数mmの柄があり黄緑色

高さ15～40cm

縦の主茎にも葉や花がつく

葉は細い

先の尖った細い葉のコミカンソウの仲間で、コミカンソウが横枝のみに葉や花がつくのに対し縦の主茎にも葉や花がつくのが特徴。果実は黄緑色。

ヤマノイモ科

オニドコロ【鬼野老】

- 別名 トコロ
- 学名 *Dioscorea tokoro*
- 花期 7〜8月
- 生活 多年草
- 分布 北海道〜九州
- 生育 林縁、藪

雌花

平たく幅広い3稜の果実をつける

雄花

葉はハート形で互生する

つる性

📷 観察ポイント

根は肥厚するもののヤマノイモのような芋状にはならず、有毒なので食用にはならない。茎にムカゴができることもない。

林縁などでヤマノイモ（P.92）よりも大きく幅広な葉をつけ、周囲に絡みつく。雌雄異株で、雄花序は上を向くものの長いので垂れやすく、ヤマノイモのように直立する感じではない。

ヤマノイモに似るが葉が幅広く雄花は白くない

スズメノヤリ【雀の槍】

学名 *Luzula capitata*

- **花期** 4〜5月
- **生活** 多年草
- **分布** 北海道〜沖縄
- **生育** 芝生、草地

真っ直ぐ伸びた花茎の先端につく花穂の様子を毛槍にたとえたのが名の由来。名にスズメのつく植物は多いが、小さいことを表している。葉の縁の白い長毛が特徴的。

イグサ科

雌性期には2裂した白い柱頭が目立つ

花茎の先端につく花穂は褐色

雄性期には黄色い葯が目立つ

茎や葉鞘は紫色を帯びることが多い

高さ5〜25cm

葉の縁に長い毛がある

花期には短い花柄も果期には長くなっている

287

イネ科

メリケンカルカヤ【米利堅刈萱】

学名 *Andropogon virginicus*

花期 9 〜 10月
生活 多年草
分布 北アメリカ原産
生育 道端、草地

北アメリカ原産の帰化植物。花のころまでは葉も花も茎に沿っているので目立たないが、果実が熟すと白い綿毛が広がり、茎葉も黄褐色に色づき存在感が増してくる。

果実が熟す頃茎葉は黄褐色になる

葉は長さ10 〜 30cm、幅3〜5mm

高さ50 〜 100cm

晴れた日に苞葉の間から綿毛があふれ出る

晩秋の黄褐色の群生は美しい

ニワホコリ【庭埃】

学名 *Eragrostis multicaulis*

花期 7～9月
生活 一年草
分布 日本全土
生育 庭、公園、道端

小穂は7～9個位の小花からなる

葉は長さ5～6cm、幅は3mmほど

高さ10～20cm

📷 観察ポイント

細かい小穂が熟すと白く見えるところは、コスズメガヤ（P.244）そっくりだが、全体に小型。

地味な草だが果実が熟すと急に目立つ

全体に小さくて華奢なため目につきにくいが、足元にふつうに生えている。庭に生えた小穂が、熟すと白くて細かい埃のように見えるところからこの名がついた。

イネ科

イネ科

チガヤ【茅】

学名 *Imperata cylindrica* var. *koenigii*

花期 4～6月
生活 多年草
分布 日本全土
生育 草原、道端、荒れ地

果実の基部に長い毛があり、これで風に乗る

花期の穂は雄しべで褐色に見える

葉は秋に紅葉する

柔らかな毛のある穂は動物の尻尾のよう

📷 観察ポイント

チガヤは秋の草紅葉も美しい。条件により黄色や橙色、深紅などさまざまに色づく。

高さ30～80cm

初夏のチガヤの草原は一面の果穂が風に波打ち、白い大海原のような光景が広がる。花が咲く前の柔らかい穂は微かに甘く、ツバナ（茅花）と呼ばれ食用にされた。

ススキ【薄、芒】

イネ科

学名 *Miscanthus sinensis*

花期 8〜10月
生活 多年草
分布 日本全土
生育 草地、土手、道端

📷 観察ポイント

花穂につく雌しべはブラシ状、雄しべは袋状で、どちらも白く、ルーペで見ると意外な美しさがある。

小花に折れ曲がったのぎがある

秋の七草の「おばな」はススキのこと

葉の縁は細かな鋸状で手を切ることがある

高さ1〜2m

葉の基部には毛があり葉舌の先端は毛状

日陰や半日陰の環境を好み、茎の節から根を下ろしながら広がり穂のつく先端は斜上する。その名の通りササのような形の葉の縁は縮れたように波打つ。

イネ科

チカラシバ【力芝】

学名 *Pennisetum alopecuroides*

- **花期** 8〜11月
- **生活** 多年草
- **分布** 日本全土
- **生育** 道端、荒れ地、草地

花穂は暗紫色で10〜15cm

高さ40〜80cm

葉は細いが硬め

葉や葉鞘の縁には毛がある

秋の斜光で見る穂は美しい

茎は径約2mmで丈夫

📷 観察ポイント

暗紫色の穂は順光では目立たないが、秋の夕暮れの逆行に映える姿は一見の価値がある。

道端や荒れ地で大きな暗紫色の穂を出して群生する。熟した花穂は獣の体や衣服について運ばれる。簡単には引き抜けない力強さをもつ草が名の由来。

オニシバ【鬼芝】

学名 *Zoysia macrostachya*

花期 6〜8月
生活 多年草
分布 北海道〜沖縄
生育 砂浜、海岸付近の砂地

イネ科

砂浜に生えるシバの仲間で芝生に使われるコウライシバなどより穂や葉が大きいのでオニとついた。芝生ほど密に生えず、まばらに生える。

花穂は長さ3〜4cm

3〜10cm

葉は幅約2mm、長さ2〜3cm

茎は硬い

灼熱の砂浜に特化した海浜植物のひとつ

📷 **観察ポイント**

地上にはほんの数センチしか出ていないが、砂の中にランナーを走らせ、焼けるように熱い砂の上に花穂を出している。

ガマ科

ガマ【蒲】

学名 *Typha latifolia*

高さ1〜2m

雄花序
雌花序

花期 6〜7月
生活 多年草
分布 北海道〜九州
生育 湖沼、河川、水路、ため池

(写真：山田隆彦)

雄花序と雌花序のあいだに隙間は無い

果穂はまるでアメリカンドックのよう

葉の幅は1〜2.5cm

黒褐色の大きな果穂は遠くからでも目立つ

📷 観察ポイント

ガマの仲間ではもっとも早く花をつけはじめ、雄花序と雌花序の間に隙間はない。乾燥した熟穂はちょっとした衝撃で弾けるように膨らんで綿毛のついた果実を飛散する。

水中の泥の中に地下茎を横に伸ばして広がり群生する。日本のガマの仲間でもっとも太くて大きい穂（長さ10〜20cm）をつける。穂の色もいちばん濃い黒褐色。

ガマの仲間

コガマ【小蒲】

学名 *Typha orientalis*

花期 7～8月　**生活** 多年草

分布 本州～九州

生育 湖沼、河川、水路、ため池

その名のとおりガマより小さい。果穂は長さ10㎝以下で、色は比較的明るい褐色。花期は7～8月で真夏にかけて咲く。

ヒメガマ【姫蒲】

学名 *Typha domingensis*

花期 6～8月　**生活** 多年草

分布 北海道～沖縄

生育 湖沼、河川、水路、ため池

全体に細長く、花穂上部の雄花序と下部の雌花序のあいだに茎だけの部分があるのが特徴。比較的、水深の深いところまで生える。

雄花序

雌花序

雄花序と雌花序▶のあいだに隙間は無い

雄花序と雌花序のあいだが離れている

花穂は細い

果穂は褐色で10㎝くらい

葉の幅は5～8㎜と細い

葉の横断面は三日月状

高さ1～1.5m

高さ1.2～2m

オオバコ科

ツボミオオバコ【蕾大葉子】

学名 *Plantago virginica*

花期 4～7月
生活 一年草または越年草
分布 北アメリカ原産
生育 道端、空き地、荒れ地

花はほとんど開かない

 観察ポイント

白い刺のように見える蕾は4枚の花弁が外側を包み、ほぼ開かない。雌しべの先はかすかに見えるが、雄しべは蕾の外に顔を出さない。

全体に細かい毛がある

高さ10～30cm

葉は箆状で毛に覆われる

ロゼット状で越冬する。紫色に紅葉することもある

関東以西の道端や空き地にふつうに見られる帰化植物で、地上部は葉も花茎も、密な毛に覆われている。花がほとんど開かず、蕾のままのようなのでこの名がついた。

ナキリスゲ【菜切菅】

学名 *Carex lenta*

花期 9〜10月　**生活** 多年草
分布 本州（中部地方以南）、四国、九州
生育 道端、林内、海岸

高さ30〜50cm

小穂は先端が雄花

基部が雌花

カヤツリグサ科

📷 観察ポイント

小穂は長さ2cmほどの円柱状で先端の5分の1ほどが雄花で、残りの基部までが雌花がつく。株立ちになり弧を描いて垂れ下がる姿が特徴的。

海岸から庭先、山地までどこにでも生え、短い根茎から線形の葉を多数出して大きな株になる。その葉がザラザラしていて菜っ葉も切れそうだというところから名がついた。

葉は長さ
30〜40cm

297

カヤツリグサ科

カヤツリグサ【蚊帳吊草】

別名 キガヤツリ
学名 *Cyperus microiria*

花期 8～10月
生活 一年草
分布 本州～九州
生育 田畑周辺、道端

鱗片の先は尖る

葉の幅は2～4mmで茎より短い

茎に節はなく断面は三角形

高さ20～50cm

📷 観察ポイント

穂は7～12mmの小穂が軸に開き気味の角度でつき、小穂を構成する鱗片は1.5mmほどで先が尖るのが特徴。

放射状に散った花穂は線香花火のよう

田畑周辺などでふつうに見られるが似た種も多い。根元から数枚の細い葉を出し、花穂の下には葉と同様の形をした数枚の苞葉を横に広げて伸ばす。

ハマスゲ【浜菅】

学名 *Cyperus rotundus*

 花期 7～10月
 生活 多年草
 分布 本州～沖縄
 生育 海岸付近、芝生、道端、畑地

カヤツリグサ科

小穂は線形で長さ1〜2cm

葉の幅は2〜5mmで強い光沢がある

茎の断面は三角形をしている

庭や畑にも生え、地下部まで刈り取っても塊茎が残っているとまたすぐに生えてくる

地下に塊茎をもつため、砂地などの乾燥地に強く、夏の陽射しにも強い。ここから地中を伸びる茎を伸ばして増える。この塊茎は薬用となり、漢方でコウブシ（香附子）と呼ばれる。

高さ10〜30cm

キク科

ヨモギ【蓬】

- **別名** モチグサ、ヤイトグサ
- **学名** *Artemisia indica* var. *maximowiczii*
- **花期** 9〜10月
- **生活** 多年草
- **分布** 本州〜九州
- **生育** 道端、野原、土手

高さ50〜120cm

花は筒状花のみで長さ約3mm

茎はかたく下部は半木質化する

葉裏には白い綿毛が密生

秋に茎の先の上部が細かく分枝して、その先に花をつける

葉は羽状に深裂する

草原から都会の道端まで生え、時にはアスファルトから芽を出す強さをもつ。昔から葉裏の毛はお灸に使うもぐさに、早春の柔らかい新芽は草餅に利用される。

チチコグサ【父子草】

学名 *Euchiton japonicus*

花期 7〜9月
生活 多年草
分布 日本全土
生育 道端、荒れ地、芝生

ハハコグサ（P.116）に比べて細く小さく、花も地味。ほふく枝を出して広がり、冬には葉を低く放射状に広げるロゼットの形で春を待つ。

📷 観察ポイント

ほふく枝で低く広がるため芝刈りしても残るので芝生に群生していることも多い。

花は紫褐色を帯びる

葉は細く毛が表にまばら、裏に密生

茎にも白い毛が生える

高さ8〜25cm

細くてハハコグサよりどこか頼りない

キク科

キク科

チチコグサモドキ【父子草擬】

学名 *Gamochaeta pensylvanica*

- **花期** 4～9月
- **生活** 一年草または越年草
- **分布** 熱帯アメリカ原産
- **生育** 道端、空き地、荒れ地、畑地

大正時代以降に渡来した帰化植物。外来のチチコグサの仲間では葉の幅が広くて毛が多い。もっともハハコグサ（P.116）に似ていて、幼苗では見分けにくいこともある。

📷 観察ポイント

茎の葉は先端が幅広いヘラ状になっているので、チチコグサ（P.301）と見分けがつく。

花は壺状で長さ4～5mm

葉の表裏とも毛があるがとくに裏は長毛が伏す

高さ10～30cm

分枝しながら群生し多くの花をつける

茎にも伏した白毛が多い

ウラジロチチコグサ【裏白父子草】

キク科

学名 *Gamochaeta coarctata*

花期 5〜8月
生活 一年草または越年草
分布 南アメリカ原産
生育 道端、空き地、荒れ地、芝生

昭和40年代後半に帰化が確認。現在は関東地方以南でふつうに見られ、東北地方全域にまで分布を広げつつある。名前のとおり葉裏の白さが特徴的。

花は長さ4〜5mmの筒状花

茎は伏した白い毛に覆われる

葉裏が白く茎につく葉の縁は波打つ

高さ20〜60cm

植え込みの周辺など身近な場所で見られる

📷 **観察ポイント**

ロゼット状で越冬し、花期に地際の葉が残るのも特徴のひとつ。

トウダイグサ科

エノキグサ【榎草】

別名 アミガサソウ
学名 *Acalypha australis*

高さ20〜40㎝

花期 8〜10月
生活 一年草
分布 日本全土
生育 道端、空き地、畑地

雄花
雌花

雄花は穂状、雌花は苞葉の中

茎には上向きの伏毛がある

葉はエノキの葉に似る

道端や畑地など身近にあるが地味なので目立たない。葉がエノキの葉に似ているのが名の由来。葉腋の小枝から雄花は穂状に立ち上がり、雌花はハート形の苞葉に包まれる。

📷 観察ポイント

花の基部の苞葉が二つ折れで、編み笠に似ているためアミガサソウの別名がある。

地味だがクワクサとともに秋の道端の常連

用語紹介

花に関する名称

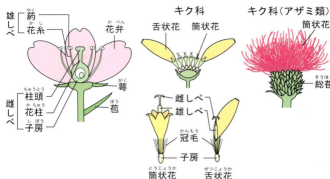

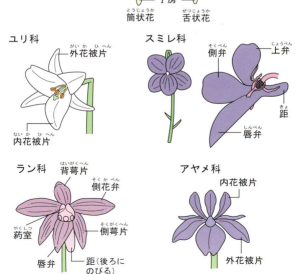

葉に関する名称

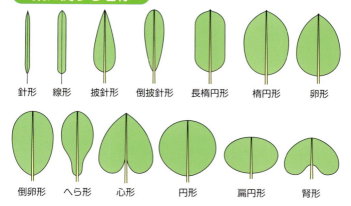

葉の先端の形

葉の基部の形

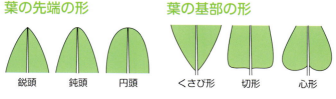

葉の裂け方

葉の縁の形

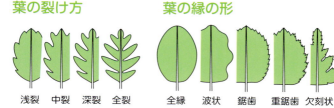

複葉

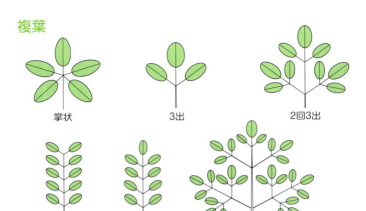

葉のつき方

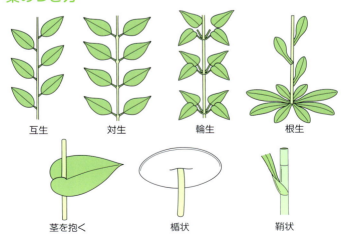

さくいん

※細字は別名
※［郊外］は別巻の郊外編に掲載

ア

アオイスミレ［郊外］ ‥‥‥‥‥ 67
アオオニタビラコ ‥‥‥‥‥‥‥ 128
アオカモジグサ ‥‥‥‥‥‥‥‥ 241
アオツヅラフジ‥‥‥‥‥‥‥‥ 133
アオビユ ‥‥‥‥‥‥‥‥‥‥‥ 275
アオミナグサ ‥‥‥‥‥‥‥‥‥ 77
アカオニタビラコ ‥‥‥‥‥‥‥ 128
アカカタバミ ‥‥‥‥‥‥‥‥‥ 102
アカザ［郊外］‥‥‥‥‥‥‥‥ 276
アカソ［郊外］‥‥‥‥‥‥‥‥ 156
アカツメクサ ‥‥‥‥‥‥‥‥‥ 194
アカネ ‥‥‥‥‥‥‥‥‥‥‥‥ 229
アカノマンマ ‥‥‥‥‥‥‥‥‥ 176
アカバナ［郊外］ ‥‥‥‥‥‥‥ 166
アカバナヤエムグラ ‥‥‥‥‥‥ 152
アカバナユウゲショウ ‥‥‥‥‥ 153
アキカラマツ［郊外］ ‥‥‥‥‥ 55
アキノウナギツカミ［郊外］ ‥‥ 203
アキノウナギヅル ‥‥‥‥‥‥‥ 203
アキノエノコログサ ‥‥‥‥‥‥ 252
アキノキリンソウ［郊外］ ‥‥‥ 124
アキノタムラソウ［郊外］ ‥‥‥ 250
アキノノゲシ ‥‥‥‥‥‥‥‥‥ 113
アケボノスミレ［郊外］ ‥‥‥‥ 67
アシ［郊外］‥‥‥‥‥‥‥‥‥ 292
アシタバ［郊外］‥‥‥‥‥‥‥ 284
アズキナ［郊外］‥‥‥‥‥‥‥ 257
アズマイチゲ［郊外］ ‥‥‥‥‥ 53
アゼナ［郊外］‥‥‥‥‥‥‥‥ 167
アゼムシロ［郊外］‥‥‥‥‥‥ 174
アップルミント ‥‥‥‥‥‥‥‥ 60
アプテニア ‥‥‥‥‥‥‥‥‥‥ 158
アマチャヅル［郊外］‥‥‥‥‥ 275
アマドコロ［郊外］‥‥‥‥‥‥ 278

アミガサソウ‥‥‥‥‥‥‥‥‥ 304
アメリカアサガオ ‥‥‥‥‥‥‥ 224
アメリカイヌホオズキ ‥‥‥‥‥ 223
アメリカオニアザミ ‥‥‥‥‥‥ 166
アメリカギシギシ ‥‥‥‥‥‥‥ 270
アメリカスミレサイシン ‥‥‥‥ 218
アメリカセンダングサ ‥‥‥‥‥ 105
アメリカタカサブロウ［郊外］‥ 43
アメリカチョウセンアサガオ ‥‥ 71
アメリカフウロ ‥‥‥‥‥‥‥‥ 189
アメリカミズキンバイ［郊外］‥ 100
アメリカヤマゴボウ ‥‥‥‥‥‥ 91
アヤメ［郊外］‥‥‥‥‥‥‥‥ 231
アラゲハンゴンソウ ‥‥‥‥‥‥ 118
アリタソウ‥‥‥‥‥‥‥‥‥‥ 278
アレチウリ［郊外］‥‥‥‥‥‥ 276
アレチギシギシ ‥‥‥‥‥‥‥‥ 268
アレチヌスビトハギ ‥‥‥‥‥‥ 192
アレチノギク ‥‥‥‥‥‥‥‥‥ 44
アレチハナガサ ‥‥‥‥‥‥‥‥ 213
アワコガネギク［郊外］‥‥‥‥ 108
アワバナ［郊外］‥‥‥‥‥‥‥ 133

イ

イオウソウ［郊外］‥‥‥‥‥‥ 131
イガオナモミ‥‥‥‥‥‥‥‥‥ 263
イガガヤツリ［郊外］‥‥‥‥‥ 298
イカリソウ［郊外］‥‥‥‥‥‥ 224
イケマ［郊外］‥‥‥‥‥‥‥‥ 51
イシミカワ［郊外］‥‥‥‥‥‥ 285
イソギク［郊外］‥‥‥‥‥‥‥ 107
イタドリ‥‥‥‥‥‥‥‥‥‥‥ 64
イタリアンライグラス ‥‥‥‥‥ 246
イチビ［郊外］‥‥‥‥‥‥‥‥ 96
イヌガラシ ‥‥‥‥‥‥‥‥‥‥ 97

309

イヌガラシ･･････････････････ 99
イヌコウジュ［郊外］･･･････ 195
イヌコハコベ ･･････････････ 83
イヌゴマ［郊外］･･････････ 197
イヌタデ ････････････････ 176
イヌナズナ［郊外］･･････ 102
イヌビエ ････････････････ 240
イヌビユ ････････････････ 273
イヌホオズキ ･･････････････ 75
イヌホタルイ［郊外］･･････ 300
イヌムギ ････････････････ 234
イノコズチ ･････････････ 272
イノコヅチ ･････････････ 272
イボクサ［郊外］･･････････ 206
イモカタバミ ･･･････････ 161
イワニガナ［郊外］･･････ 115

ウ

ウォーターヒヤシンス［郊外］ ･･･ 258
ウキヤガラ［郊外］･･････････ 296
ウサギアオイ［郊外］･･･････ 164
ウシノヒタイ［郊外］･･････ 205
ウシハコベ ･･････････････ 83
ウスベニアオイ ･･･････････ 151
ウツボグサ［郊外］･･････････ 249
ウド［郊外］･････････････ 34
ウナギツカミ［郊外］･･････ 203
ウバユリ［郊外］･･･････････ 93
ウマゴヤシ ･･････････････ 140
ウマノアシガタ［郊外］･･････ 126
ウマノスズクサ ･･･････････ 258
ウラシマソウ［郊外］･･････ 280
ウラジロチチコグサ･･･････ 303
ウリクサ［郊外］･･･････････ 230
ウワバミソウ［郊外］･･････ 272
ウンランカズラ ･･････････ 201

エ

エイザンスミレ［郊外］･･･････ 65
エゾエンゴサク［郊外］･･････ 242

エゾノギシギシ ･･････････ 270
エドドコロ［郊外］･･･････ 288
エノキグサ ･･････････････ 304
エノコログサ ･･･････････ 254
エビヅル ････････････････ 282
エビラハギ［郊外］･･･････ 148
エボシグサ［郊外］･･･････ 147
エンメイソウ［郊外］･･････ 247
エンレイソウ［郊外］･･････ 283

オ

オウレンダマシ［郊外］･･･････ 72
オオアマナ ･･････････････ 54
オオアラセイトウ ･･･････････ 155
オオアレチノギク･･･････････ 45
オオアワダチソウ［郊外］･･･ 123
オオイヌタデ ･･･････････ 175
オオイヌノフグリ･･･････････ 204
オオオナモミ ･･･････････ 263
オオキバナカタバミ ･･････ 104
オオキンケイギク ･･････ 107
オオケタデ ･････････････ 177
オオタチツボスミレ［郊外］･･ 67
オオチドメ ･････････････ 257
オーチャードグラス ･･･････ 236
オオツメクサ ･･･････････ 80
オオニシキソウ ･･････････ 69
オオニワゼキショウ ･･････ 157
オオバウマノスズクサ ･･････ 258
オオバコ ････････････････ 159
オオバジャノヒゲ［郊外］･･ 50
オオバタンキリマメ［郊外］･･ 149
オオハンゴンソウ ･･･････ 117
オオブタクサ［郊外］･･････ 277
オオフタバムグラ［郊外］･･ 165
オオベニタデ ･･･････････ 177
オオマツヨイグサ［郊外］･･ 98
オオミツバハンゴンソウ･･ 119
オカスミレ［郊外］･･････････ 66
オカトラノオ［郊外］･･････ 57

オギ［郊外］ ‥‥‥‥‥‥‥‥ **291**	カミエビ ‥‥‥‥‥‥‥‥‥ 133
オギョウ ‥‥‥‥‥‥‥‥‥‥ 116	**カモガヤ** ‥‥‥‥‥‥‥‥‥ **236**
オグルマ［郊外］ ‥‥‥‥ **112**	**カモジグサ** ‥‥‥‥‥‥‥‥ **242**
オケラ［郊外］ ‥‥‥‥‥ **40**	**カヤツリグサ** ‥‥‥‥‥‥‥ **298**
オシロイバナ ‥‥‥‥‥‥ **160**	**カラクサシュンギク** ‥‥‥ **127**
オタカラコウ［郊外］ ‥‥ **117**	カラシナ ‥‥‥‥‥‥‥‥‥‥ 95
オッタチカタバミ ‥‥‥‥ **103**	**カラスウリ** ‥‥‥‥‥‥‥ **40**
オトコエシ［郊外］ ‥‥‥ **62**	**カラスノエンドウ** ‥‥‥‥ **195**
オドリコソウ［郊外］ ‥‥ **59**	**カラスノゴマ［郊外］** ‥‥ **97**
オニカンゾウ‥‥‥‥‥‥‥‥ 148	**カラスビシャク［郊外］** ‥‥ **281**
オニシバ ‥‥‥‥‥‥‥‥ **293**	**カラスムギ** ‥‥‥‥‥‥‥ **231**
オニタビラコ ‥‥‥‥‥‥ **128**	**カラハナソウ［郊外］** ‥‥ **267**
オニドコロ ‥‥‥‥‥‥‥ **286**	**カラムシ** ‥‥‥‥‥‥‥‥ **255**
オニナスビ ‥‥‥‥‥‥‥‥‥ 73	**カワヂシャ［郊外］** ‥‥‥ **171**
オニノゲシ ‥‥‥‥‥‥‥ **122**	**カワラケツメイ［郊外］** ‥‥ **146**
オヒシバ ‥‥‥‥‥‥‥‥ **239**	**カワラナデシコ［郊外］** ‥‥ **208**
オヘビイチゴ［郊外］ ‥‥ **141**	**カワラマツバ［郊外］** ‥‥ **30**
オミナエシ［郊外］ ‥‥‥ **133**	**カンイタドリ** ‥‥‥‥‥‥ **174**
オミナメシ［郊外］ ‥‥‥ **133**	**カントウタンポポ** ‥‥‥‥ **125**
オモイグサ［郊外］ ‥‥‥‥‥ 210	**カントウヨメナ［郊外］** ‥‥ **237**
オヤブジラミ ‥‥‥‥‥‥ **63**	
オランダガラシ ‥‥‥‥‥ **37**	
オランダゲンゲ ‥‥‥‥‥‥‥ 90	**キ**
オランダハッカ ‥‥‥‥‥ **59**	**キイロハナカタバミ** ‥‥‥‥ 104
オランダミミナグサ ‥‥‥ **77**	**キオン［郊外］** ‥‥‥‥‥ **121**
	キガヤツリ ‥‥‥‥‥‥‥‥‥ 298
	キキョウ［郊外］ ‥‥‥‥ **234**
カ	**キキョウソウ** ‥‥‥‥‥‥ **205**
ガガイモ ‥‥‥‥‥‥‥‥ **169**	**キクイモ** ‥‥‥‥‥‥‥‥ **110**
カキドオシ ‥‥‥‥‥‥‥ **215**	**キクイモモドキ** ‥‥‥‥‥ **111**
カキネガラシ ‥‥‥‥‥‥ **99**	**キクザキイチゲ［郊外］** ‥‥ **241**
カコソウ［郊外］ ‥‥‥‥‥‥ 249	**キクタニギク［郊外］** ‥‥ **108**
カシワバハグマ［郊外］ ‥‥ **47**	**キクハノアオイ** ‥‥‥‥‥ **144**
カスマグサ ‥‥‥‥‥‥‥ **195**	**ギシギシ** ‥‥‥‥‥‥‥‥ **267**
カセンソウ［郊外］ ‥‥‥ **113**	**キジムシロ［郊外］** ‥‥‥ **142**
カタカゴ［郊外］ ‥‥‥‥‥‥ 226	**キショウブ** ‥‥‥‥‥‥‥ **100**
カタクリ［郊外］ ‥‥‥‥ **226**	キタヨシ［郊外］ ‥‥‥‥‥‥ 292
カタバミ ‥‥‥‥‥‥‥‥ **102**	キチジソウ［郊外］ ‥‥‥‥‥ 84
カテンソウ［郊外］ ‥‥‥ **273**	**キツネアザミ［郊外］** ‥‥ **180**
カナムグラ ‥‥‥‥‥‥‥ **230**	**キツネノカミソリ［郊外］** ‥‥ **162**
ガマ ‥‥‥‥‥‥‥‥‥‥ **294**	**キツネノボタン［郊外］** ‥‥ **128**

キツネノマゴ ……………… 168
キツリフネ［郊外］……… 135
キヌガサギク ……………… 118
キバナアキギリ［郊外］… 132
キバナコスモス …………… 109
キバナツメクサ …………… 143
キミカゲソウ［郊外］…… 49
キュウリグサ ……………… 226
キランソウ ………………… 214
キリアサ［郊外］………… 96
キリンソウ［郊外］……… 144
キンエノコロ ……………… 253
キンポウゲ［郊外］……… 126
ギンマメ［郊外］………… 216
キンミズヒキ［郊外］…… 139

ク

クサエンジュ［郊外］…… 151
クサコアカソ［郊外］…… 157
クサニワトコ ……………… 94
クサネム［郊外］………… 145
クサノオウ［郊外］……… 129
クサフジ［郊外］………… 256
クサボタン［郊外］……… 186
クサマオ …………………… 255
クサレダマ ………………… 131
クジャクソウ ……………… 108
クズ ………………………… 193
クスダマツメクサ ………… 142
クマツヅラ［郊外］……… 187
クララ［郊外］…………… 151
クルマバザクロソウ ……… 58
クルマバナ［郊外］……… 190
クルマバヒヨドリ［郊外］… 182
クレソン …………………… 37
クローバー ………………… 90
クワガタソウ［郊外］…… 170
クワクサ …………………… 264
クワモドキ［郊外］……… 277
グンバイナズナ …………… 38

ケ

ケシアザミ ………………… 123
ケチョウセンアサガオ …… 71
ケツメクサ ………………… 173
ケヅメグサ ………………… 173
ゲンゲ［郊外］…………… 217
ゲンノショウコ［郊外］… 87

コ

コアカザ …………………… 277
ゴウシュウアリタソウ …… 279
コウゾリナ ………………… 115
コウベナズナ ……………… 36
コウヤボウキ［郊外］…… 48
コオニタビラコ［郊外］… 116
コガマ ……………………… 295
ゴキヅル［郊外］………… 274
コゴメツメクサ …………… 143
ココメバオトギリ［郊外］… 104
ココメハギ［郊外］……… 90
コゴメミチヤナギ ………… 265
コジャク［郊外］………… 70
コシロノセンダングサ …… 42
コスズメガヤ ……………… 244
コスミレ［郊外］………… 66
コセンダングサ …………… 106
コトジソウ［郊外］……… 132
コナギ［郊外］…………… 260
コナスビ …………………… 130
コニシキソウ ……………… 69
コバギボウシ［郊外］…… 184
コハコベ …………………… 83
コバンソウ ………………… 232
コバンバコナスビ ………… 131
コヒルガオ ………………… 185
コブナグサ［郊外］……… 290
ゴマクサモドキ …………… 134
コマツナギ［郊外］……… 218
コマツヨイグサ［郊外］… 99

312

ゴマナ［郊外］ …………………… 38	ジャノメソウ ……………………… 108
コミカンソウ ……………………… 283	シュウカイドウ［郊外］ ……… 198
コメツブウマゴヤシ ……………… 141	ジュウニヒトエ［郊外］ ……… 246
コメツブツメクサ ………………… 143	ジュズダマ［郊外］ …………… 269
コメナモミ［郊外］ ……………… 122	シュッコンハゼラン ……………… 182
コメヒシバ ………………………… 238	ショウブ［郊外］ ……………… 282
コモチマンネングサ ……………… 136	ショカツサイ ……………………… 155
コンフリー ………………………… 198	ショクヨウタンポポ ……………… 124
	シラネセンキュウ［郊外］ …… 68
サ	シラン［郊外］ ………………… 228
サイハイラン［郊外］ ………… 229	シロイヌナズナ …………………… 33
サギゴケ［郊外］ ………………… 244	シロザ ……………………………… 276
サクラソウ［郊外］ …………… 189	シロタンポポ ……………………… 52
サクラタデ［郊外］ …………… 201	シロツメクサ ……………………… 90
サクラマンテマ ………………… 81	シロネ［郊外］ ………………… 60
ザクロソウ ………………………… 57	シロノセンダングサ ……………… 42
サボンソウ ………………………… 181	シロバナサクラタデ［郊外］ … 81
サワギキョウ［郊外］ ………… 233	シロバナシナガワハギ［郊外］ 90
サワギク［郊外］ ……………… 119	シロバナセンダングサ ………… 42
サンカクイ［郊外］ …………… 302	シロバナタンポポ ………………… 52
サンジャクバーベナ ……………… 212	シロバナマンテマ ………………… 81
サンダイガサ ……………………… 167	ジロボウエンゴサク［郊外］ … 188
	シロヨメナ［郊外］ …………… 37
シ	
ジイソブ［郊外］ ……………… 173	**ス**
シオヤキソウ［郊外］ ………… 215	スイバ［郊外］ ………………… 303
シオン ……………………………… 208	スカシタゴボウ …………………… 98
ジゴクノカマノフタ ……………… 214	スカンポ［郊外］ ……………… 303
シシウド［郊外］ ……………… 69	スズカゼリ［郊外］ …………… 68
ジシバリ［郊外］ ……………… 115	スズガヤ …………………………… 233
シナガワハギ［郊外］ ………… 148	ススキ ……………………………… 291
シナダレスズメガヤ ……………… 243	スズフリバナ ……………………… 271
ジネンジョ ………………………… 92	スズメウリ［郊外］ …………… 35
シマスズメノヒエ ………………… 249	スズメノエンドウ ………………… 196
シモツケソウ［郊外］ ………… 211	スズメノカタビラ ………………… 251
シャガ ……………………………… 39	スズメノチャヒキ ………………… 235
シャク［郊外］ ………………… 70	スズメノテッポウ［郊外］ …… 289
シャグマツメクサ［郊外］ …… 221	スズメノヒエ ……………………… 250
シャグマハギ［郊外］ ………… 221	スズメノヤリ ……………………… 287
ジャノヒゲ ………………………… 53	スズラン［郊外］ ……………… 49

313

スナジミチヤナギ ·················· 265
スペアミント ····················· 59
スベリヒユ ······················ 132
スミレ ··························· 217
スミレサイシン ［郊外］ ········· 65

セ・ソ

セイタカアキノキリンソウ ········ 121
セイタカアワダチソウ ··········· 121
セイタカカゼクサ ················· 243
セイタカスズメガヤ ··············· 243
セイタカタウコギ ················· 105
セイバンモロコシ ［郊外］ ······· 295
セイヨウアブラナ ··············· 96
セイヨウウンラン ················· 101
セイヨウオトギリ ［郊外］ ······· 104
セイヨウカラシナ ··············· 95
セイヨウグンバイナズナ ··········· 36
セイヨウゴボウ ··················· 209
セイヨウタンポポ ··············· 124
セイヨウヒキヨモギ ············· 134
セイヨウヒルガオ ··············· 186
セイヨウヤマガラシ ［郊外］ ··· 101
ゼニアオイ ····················· 151
セリ ［郊外］ ··················· 76
セリバヒエンソウ ··············· 211
センダングサ ［郊外］ ··········· 105
セントウソウ ［郊外］ ··········· 72
センニンソウ ··················· 55
センブリ ［郊外］ ··············· 95
ソープワート ····················· 181
ソクズ ························· 94

タ

タイアザミ ［郊外］ ··············· 178
ダイコンソウ ［郊外］ ··········· 140
ダイモンジソウ ［郊外］ ········· 91
タウコギ ［郊外］ ··············· 106
タカサゴユリ ··················· 93
タカサブロウ ［郊外］ ··········· 44

タカトウダイ ［郊外］ ··········· 286
タガラシ ［郊外］ ··············· 127
タケニグサ ［郊外］ ············· 56
タチアオイ ····················· 150
タチイヌノフグリ ··············· 203
タチツボスミレ ················· 216
タツナミソウ ［郊外］ ··········· 251
タニソバ ［郊外］ ··············· 82
タニワタシ ［郊外］ ··············· 257
タネツケバナ ［郊外］ ··········· 32
タネヒリグサ ····················· 261
タビラコ ························· 226
タビラコ ［郊外］ ················· 116
タマガヤツリ ［郊外］ ··········· 297
タマズサ ························· 40
タマスダレ ····················· 87
ダリスグラス ····················· 249
タレスズメガヤ ··················· 243
タワラムギ ······················· 232
タンキリマメ ［郊外］ ··········· 150
ダンダンギキョウ ················· 205
ダンドボロギク ［郊外］ ········· 45
タンポポモドキ ··················· 112

チ

チガヤ ························· 290
チカラシバ ····················· 292
チゴユリ ［郊外］ ··············· 83
チダケサシ ［郊外］ ············· 225
チチコグサ ····················· 301
チチコグサモドキ ··············· 302
チヂミザサ ····················· 248
チドメグサ ····················· 256
チャヒキグサ ····················· 231
チャンパギク ［郊外］ ··········· 56
チョウセンミカンソウ ············· 285
チョロギダマシ ［郊外］ ········· 197

ツ・テ

ツキクサ ························· 221

314

ツタガラクサ ・・・・・・・・・・・・・・・・ 201	ナガエコミカンソウ ・・・・・・・・・・ 284
ツタバウンラン ・・・・・・・・・・・・・・ 201	ナガバギシギシ ・・・・・・・・・・・・・・ 269
ツボクサ ［郊外］ ・・・・・・・・・・・・ 200	ナガバノスミレサイシン［郊外］ 66
ツボスミレ［郊外］ ・・・・・・・・・・・ 64	ナガヒナゲシ ・・・・・・・・・・・・・・・・ 147
ツボミオオバコ ・・・・・・・・・・・・・・ 296	ナガミヒナゲシ ・・・・・・・・・・・・・・ 147
ツメクサ ・・・・・・・・・・・・・・・・・・・・ 79	ナギナタコウジュ［郊外］ ・・・・・ 192
ツユクサ ・・・・・・・・・・・・・・・・・・・・ 221	ナキリスゲ ・・・・・・・・・・・・・・・・・・ 297
ツリガネニンジン［郊外］ ・・・・・ 232	ナズナ ・・・・・・・・・・・・・・・・・・・・・・ 34
ツリフネソウ［郊外］ ・・・・・・・・・ 207	ナツズイセン［郊外］ ・・・・・・・・・ 213
ツルカノコソウ［郊外］ ・・・・・・・ 63	ナツトウダイ［郊外］ ・・・・・・・・・ 287
ツルソバ［郊外］ ・・・・・・・・・・・・・ 79	ナデシコ［郊外］ ・・・・・・・・・・・・・ 208
ツルドクダミ ・・・・・・・・・・・・・・・・ 65	ナヨクサフジ ・・・・・・・・・・・・・・・・ 197
ツルナ［郊外］ ・・・・・・・・・・・・・・・ 136	ナルコビエ ・・・・・・・・・・・・・・・・・・ 245
ツルニンジン［郊外］ ・・・・・・・・・ 173	ナンテンハギ［郊外］ ・・・・・・・・・ 257
ツルフジバカマ［郊外］ ・・・・・・・ 255	ナンバンギセル［郊外］ ・・・・・・・ 210
ツルボ ・・・・・・・・・・・・・・・・・・・・・・ 167	ナンブアザミ［郊外］ ・・・・・・・・・ 177
ツルマメ ・・・・・・・・・・・・・・・・・・・・ 190	
ツルマンネングサ ・・・・・・・・・・・・ 139	

ニ・ヌ	
ニガナ［郊外］ ・・・・・・・・・・・・・・・ 114	
ニシキソウ ・・・・・・・・・・・・・・・・・・ 68	
ニホンハッカ［郊外］ ・・・・・・・・・ 193	
ニョイスミレ［郊外］ ・・・・・・・・・ 64	
ニラ ・・・・・・・・・・・・・・・・・・・・・・・・ 84	
ニリンソウ［郊外］ ・・・・・・・・・・・ 52	
ニワシオン ・・・・・・・・・・・・・・・・・・ 208	
ニワゼキショウ ・・・・・・・・・・・・・・ 156	
ニワタバコ ・・・・・・・・・・・・・・・・・・ 129	
ニワホコリ ・・・・・・・・・・・・・・・・・・ 289	
ニワヤナギ ・・・・・・・・・・・・・・・・・・ 266	
ヌスビトハギ ・・・・・・・・・・・・・・・・ 191	

ツルヨシ［郊外］ ・・・・・・・・・・・・・ 293
ツワブキ［郊外］・・・・・・・・・・・・・ 111
テンツキ［郊外］・・・・・・・・・・・・・ 299

ト	
トウカイタンポポ ・・・・・・・・・・・・ 125	
トウダイグサ ・・・・・・・・・・・・・・・・ 271	
トウバナ［郊外］ ・・・・・・・・・・・・・ 191	
トキリマメ［郊外］ ・・・・・・・・・・・ 149	
トキワハゼ［郊外］ ・・・・・・・・・・・ 245	
トキンソウ・・・・・・・・・・・・・・・・・・ 261	
ドクダミ・・・・・・・・・・・・・・・・・・・・ 70	
トゲソバ［郊外］ ・・・・・・・・・・・・・ 204	
トゲチシャ ・・・・・・・・・・・・・・・・・・ 114	
トコロ ・・・・・・・・・・・・・・・・・・・・・・ 286	
トトキ［郊外］ ・・・・・・・・・・・・・・・ 232	
トネアザミ［郊外］ ・・・・・・・・・・・ 178	
トモエソウ［郊外］ ・・・・・・・・・・・ 103	

ネ	
ネコジャラシ ・・・・・・・・・・・・・・・・ 254	
ネコノシタ［郊外］ ・・・・・・・・・・・ 118	
ネコノメソウ［郊外］ ・・・・・・・・・ 154	
ネコハギ［郊外］ ・・・・・・・・・・・・・ 89	
ネジバナ ・・・・・・・・・・・・・・・・・・・・ 199	
ネズミムギ ・・・・・・・・・・・・・・・・・・ 246	
ネナシカズラ［郊外］ ・・・・・・・・・ 86	

ナ	
ナガイモ ・・・・・・・・・・・・・・・・・・・・ 92	
ナガエアオイ ・・・・・・・・・・・・・・・・ 200	

315

ノ

ノアサガオ［郊外］………… 254
ノアザミ［郊外］…………… 176
ノウルシ［郊外］…………… 137
ノカンゾウ …………………… 148
ノゲイトウ［郊外］………… 214
ノゲシ ………………………… 123
ノコンギク［郊外］………… 235
ノジオウギク………………… 44
ノジスミレ …………………… 219
ノダケ［郊外］……………… 199
ノチドメ ……………………… 257
ノニンジン…………………… 62
ノハナショウブ［郊外］…… 169
ノハラアザミ［郊外］……… 179
ノハラナスビ………………… 73
ノビエ ………………………… 240
ノビル ………………………… 183
ノブキ［郊外］……………… 36
ノブドウ ……………………… 280
ノボロギク …………………… 120
ノミノツヅリ ………………… 76
ノミノフスマ［郊外］……… 85
ノラニンジン………………… 62

ハ

ハイミチヤナギ ……………… 265
ハエドクソウ［郊外］……… 209
ハキダメギク ………………… 49
ハクチョウソウ ……………… 32
ハコベ ………………………… 82
ハコベホオズキ ……………… 72
ハコベホオズキ ……………… 72
ハゼラン ……………………… 182
ハタケニラ …………………… 86
ハチジョウナ［郊外］……… 125
ハッカ［郊外］……………… 193
ハナイバナ …………………… 227
ハナカタバミ ………………… 162
ハナタデ［郊外］…………… 202

ハナツルクサ ………………… 158
ハナツルソウ………………… 158
ハナニラ ……………………… 85
ハナヒリグサ………………… 261
ハナヤエムグラ ……………… 152
ハハコグサ …………………… 116
ハマカンゾウ［郊外］……… 163
ハマギク［郊外］…………… 42
ハマグルマ［郊外］………… 118
ハマゴウ［郊外］…………… 252
ハマスゲ ……………………… 299
ハマゼリ［郊外］…………… 73
ハマダイコン［郊外］……… 168
ハマヂシャ［郊外］………… 136
ハマニンジン［郊外］……… 73
ハマハヒ［郊外］…………… 252
ハマボウフウ［郊外］……… 74
ハマボッス［郊外］………… 58
バラモンジン ………………… 209
ハルザキヤマガラシ［郊外］… 101
ハルジオン …………………… 48
ハルシャギク ………………… 108
ハルジョオン………………… 48
ハルノノゲシ………………… 123
ハンゲ［郊外］……………… 281
ハンゴンソウ［郊外］……… 120

ヒ

ヒエガエリ［郊外］………… 270
ヒカゲイノコヅチ…………… 272
ヒガンバナ …………………… 149
ヒキオコシ［郊外］………… 247
ヒゴオミナエシ［郊外］…… 121
ヒトリシズカ［郊外］……… 78
ヒナギキョウ ………………… 207
ヒナキキョウソウ …………… 206
ヒナタイノコヅチ…………… 272
ヒメウズ ……………………… 56
ヒメオドリコソウ …………… 172
ヒメガマ ……………………… 295

ヒメクグ	259
ヒメコバンソウ	233
ヒメジソ［郊外］	194
ヒメジョオン	43
ヒメシロネ［郊外］	61
ヒメスイバ［郊外］	304
ヒメダンダンギキョウ	206
ヒメチドメ	257
ヒメツルソバ	174
ヒメドコロ［郊外］	288
ヒメヒオウギズイセン	145
ヒメヒルガオ	186
ヒメフウロ［郊外］	215
ヒメマツバボタン	173
ヒメミカンソウ	285
ヒメムカシヨモギ	46
ヒメヤブラン［郊外］	239
ヒヨドリジョウゴ	74
ヒヨドリバナ［郊外］	183
ヒルガオ	184
ヒルザキツキミソウ	154
ヒレアザミ［郊外］	175
ヒレタゴボウ［郊外］	100
ヒレハリソウ	198
ビロードモウズイカ	129
ヒロハギシギシ	270
ヒロハノレンリソウ［郊外］	220
ヒロハホウキギク［郊外］	181
ビンボウカズラ	281

フ

フキ	51
フシグロセンノウ［郊外］	159
フジバカマ［郊外］	183
ブタクサ	260
ブタナ	112
フタバハギ［郊外］	257
フタリシズカ［郊外］	78
フッキソウ［郊外］	84
フデリンドウ［郊外］	265

フトイ［郊外］	301
フトエバラモンギク	126
フユアオイ	30
フユガラシ［郊外］	101
フラサバソウ	204
ブラジルカタバミ	163
フランスギク	50

ヘ

ヘクソカズラ	31
ヘソクリ［郊外］	281
ベニカタバミ	163
ベニバナオオケタデ	177
ベニバナボロギク	146
ヘビイチゴ	135
ヘラオオバコ	41
ペラペラヒメジョオン	47
ペラペラヨメナ	47
ペレニアルライグラス	247
ペンペングサ	34

ホ

ボウシバナ	221
ホウチャクソウ［郊外］	268
ホオコグサ	116
ホザキウンラン	101
ホシアサガオ	188
ホソアオゲイトウ	274
ホソバウンラン	101
ホソバヒメミソハギ［郊外］	222
ホソムギ	247
ホタルカズラ［郊外］	261
ホタルサイコ［郊外］	134
ホタルブクロ	165
ボタンヅル［郊外］	54
ボタンボウフウ［郊外］	75
ホテイアオイ［郊外］	258
ホトケノザ	171
ホトトギス［郊外］	227
ホナガイヌビユ	275

ホラガイソウ［郊外］ ………… 135
ボロギク［郊外］…………… 119
ホロシ ………… 74
ホンタデ［郊外］ ………… 80
ホンドホタルブクロ［郊外］…… 172
ボンバナ［郊外］…………… 223

マ

マタデ［郊外］ ………… 80
マツバウンラン…………… 202
マツムシソウ［郊外］…… 253
マツヨイグサ［郊外］ …… 99
ママコノシリヌグイ［郊外］… 204
マムシグサ［郊外］………… 279
マメアサガオ ………… 88
マメカミツレ…………… 262
マメグンバイナズナ ………… 36
マルバアカソ［郊外］……… 157
マルバアサガオ ………… 187
マルバアメリカアサガオ …… 224
マルバスミレ［郊外］…… 65
マルバツユクサ…………… 220
マルバハッカ ………… 60
マルバルコウ［郊外］………… 160
マルバルコウソウ［郊外］… 160

ミ

ミコシグサ［郊外］………… 87
ミズアオイ［郊外］………… 259
ミズタマソウ［郊外］ …… 31
ミズネコノメソウ［郊外］… 154
ミズヒキ［郊外］…………… 158
ミズヒキソウ［郊外］……… 158
ミズヒマワリ［郊外］……… 46
ミゾカクシ［郊外］………… 174
ミゾソバ［郊外］…………… 205
ミソハギ［郊外］…………… 223
ミチタネツケバナ…………… 35
ミチバタナデシコ…………… 179
ミチヤナギ …………… 266

ミツバ …………… 61
ミツバオオハンゴンソウ ……… 119
ミツバゼリ …………… 61
ミツバツチグリ［郊外］…… 143
ミドリハカタカラクサ …… 67
ミドリハコベ…………… 82
ミミナグサ…………… 78
ミヤコグサ［郊外］………… 147
ミヤマヨメナ［郊外］………… 236

ム

ムギナデシコ …………… 209
ムシトリナデシコ …………… 180
ムラサキアオゲイトウ ……… 274
ムラサキウマゴヤシ…………… 225
ムラサキエノコロ［郊外］…… 294
ムラサキオオツユクサ ……… 178
ムラサキカタバミ…………… 164
ムラサキケマン…………… 170
ムラサキゴテン …………… 178
ムラサキサギゴケ［郊外］…… 244
ムラサキツメクサ…………… 194
ムラサキツユクサ …………… 222
ムラサキハナナ …………… 155
ムラサキビユ …………… 273

メ

メキシコヒナギク …………… 47
メキシコマンネングサ ……… 137
メグサ［郊外］………… 193
メドハギ …………… 89
メノマンネングサ…………… 138
メヒシバ…………… 237
メマツヨイグサ［郊外］…… 99
メリケンカルカヤ…………… 288

モ

モジズリ …………… 199
モチグサ …………… 300
モトタカサブロウ［郊外］……… 44

モミジルコウ［郊外］・・・・・・・・・・・ 161
モントブレチア ・・・・・・・・・・・・・・・・・・ 145

ヤ・ユ・ヨ

ヤイトグサ・・・・・・・・・・・・・・・・・・・・・ 300
ヤイトバナ ・・・・・・・・・・・・・・・・・・・・ 31
ヤエムグラ ・・・・・・・・・・・・・・・・・・・ 228
ヤガラ［郊外］ ・・・・・・・・・・・・・・・ 296
ヤクシソウ［郊外］・・・・・・・・・・・ 109
ヤセウツボ［郊外］・・・・・・・・・・・ 138
ヤナギタデ［郊外］・・・・・・・・・・・ 80
ヤナギハナガサ ・・・・・・・・・・・・・・・ 212
ヤハズアザミ［郊外］・・・・・・・・・ 175
ヤハズエンドウ ・・・・・・・・・・・・・・・ 195
ヤハズソウ［郊外］・・・・・・・・・・・ 219
ヤブカラシ ・・・・・・・・・・・・・・・・・・ 281
ヤブガラシ ・・・・・・・・・・・・・・・・・・・ 281
ヤブカンゾウ ・・・・・・・・・・・・・・・・・ 148
ヤブケマン ・・・・・・・・・・・・・・・・・・・ 170
ヤブジラミ ・・・・・・・・・・・・・・・・・・ 63
ヤブタデ［郊外］・・・・・・・・・・・・・・ 202
ヤブツルアズキ［郊外］・・・・・・・ 152
ヤブマメ［郊外］・・・・・・・・・・・・・ 216
ヤブミョウガ・・・・・・・・・・・・・・・・・ 66
ヤブラン ・・・・・・・・・・・・・・・・・・・・・ 210
ヤマイモ ・・・・・・・・・・・・・・・・・・・・ 92
ヤマエンゴサク［郊外］・・・・・・・ 243
ヤマオダマキ［郊外］・・・・・・・・・ 185
ヤマゴボウ ・・・・・・・・・・・・・・・・・・・ 91
ヤマシャクヤク［郊外］・・・・・・・ 88
ヤマゼリ［郊外］・・・・・・・・・・・・・ 77
ヤマトリカブト［郊外］・・・・・・・ 240
ヤマニンジン［郊外］・・・・・・・・・ 70
ヤマネコノメソウ［郊外］・・・・・ 155
ヤマノイモ ・・・・・・・・・・・・・・・・・・・ 92
ヤマブキショウマ［郊外］・・・・・ 71
ヤマホタルブクロ［郊外］・・・・ 172
ヤマモモソウ ・・・・・・・・・・・・・・・・・ 32
ヤマユリ［郊外］・・・・・・・・・・・・・ 94
ヤマルリソウ［郊外］・・・・・・・・・ 263

ユウガギク［郊外］・・・・・・・・・・・ 39
ユウゲショウ ・・・・・・・・・・・・・・・・・ 153
ユキノシタ［郊外］・・・・・・・・・・・ 92
ヨウシュコナスビ ・・・・・・・・・・・・ 131
ヨウシュナタネ ・・・・・・・・・・・・・・・ 96
ヨウシュヤマゴボウ ・・・・・・・・・ 91
ヨゴレネコノメ［郊外］・・・・・・・ 155
ヨシ［郊外］・・・・・・・・・・・・・・・・・ 292
ヨツバヒヨドリ［郊外］・・・・・・・ 182
ヨツバムグラ［郊外］・・・・・・・・・ 266
ヨメナ［郊外］・・・・・・・・・・・・・・・ 238
ヨモギ ・・・・・・・・・・・・・・・・・・・・・・ 300

ラ・リ・ル・レ

ライグラス・・・・・・・・・・・・・・・・・・・ 247
ラショウモンカズラ［郊外］・・・・・・ 248
ラセイタソウ［郊外］・・・・・・・・・ 271
リュウノウギク［郊外］・・・・・・・ 41
リュウノヒゲ ・・・・・・・・・・・・・・・・・ 53
リンドウ［郊外］・・・・・・・・・・・・・ 264
ルコウソウ［郊外］・・・・・・・・・・・ 161
ルリニワゼキショウ ・・・・・・・・・ 157
レインリリー ・・・・・・・・・・・・・・・・・ 87
レッドクローバー ・・・・・・・・・・・・ 194
レモンエゴマ［郊外］・・・・・・・・・ 196
レンゲ［郊外］・・・・・・・・・・・・・・・ 217
レンゲソウ［郊外］・・・・・・・・・・・ 217

ワ

ワサビ［郊外］ ・・・・・・・・・・・・・・ 33
ワスレナグサ［郊外］・・・・・・・・・ 262
ワダン［郊外］・・・・・・・・・・・・・・・ 110
ワルナスビ ・・・・・・・・・・・・・・・・・・ 73
ワレモコウ［郊外］・・・・・・・・・・・ 212

著者紹介

亀田龍吉（かめだ りゅうきち）

自然写真家。1953年千葉県生まれ。人間も含めたすべての自然と、その関わり合いに興味をもち、野草、ハーブ、園芸植物などを中心に動植物の撮影を続けている。主な著書・共著書に『野草のロゼットハンドブック』『ウメハンドブック』『花からわかる野菜の図鑑』（以上、文一総合出版）、『花と葉で見分ける野草』（小学館）、『葉っぱ博物館』『街路樹の散歩みち』『ハーブ』（以上、山と溪谷社）、『ここにいるよ』『雑草の呼び名事典』（以上、世界文化社）など多数。

◎写真協力：勝山輝男、山田隆彦、山田達朗、新井和也
◎デザイン・DTP：ニシ工芸株式会社、越後真由美
◎編集協力：木島理恵（ニシ工芸株式会社）
◎編集：椿康一

ポケット図鑑
身近な草花300 街中

2019年5月1日　初版第1刷発行

著　者　亀田龍吉
発行者　斉藤博
発行所　株式会社 文一総合出版
〒162-0812　東京都新宿区西五軒町2-5
TEL　03-3235-7341
FAX　03-3269-1402
URL　https://www.bun-ichi.co.jp/
郵便振替　00120-5-42149
印刷・製本　奥村印刷株式会社

©Ryukichi Kameda 2019
ISBN978-4-8299-8308-9　Printed in Japan
NDC470 A6判 105×148mm 320P

JCOPY ＜（社）出版者著作権管理機構 委託出版物＞

本書の無断複写は著作権法上での例外を除き禁じられています。複写される場合は、そのつど事前に、（社）出版者著作権管理機構（電話03-3513-6969、FAX 03-3513-6979、e-mail:info@jcopy.or.jp）の許諾を得てください。